수학책을 탈출한

미적분

수학책을 탈출한 미적분

류치 지음 · 이지수 옮김 · 정동은 감수

동아엠앤비

일러두기

- 이 책에 각주는 ① ② ③…의 형식으로 표기합니다.
- 이 책에 실린 사진은 셔터스톡, 위키피디아에서 제공받았습니다. 그 밖의 제공처는 별도 표기했습니다.
- 본문에 사용된 부호 체계에 대해서는 권말의 [부록1]을 참고하십시오.

추천의 글 1

학교 다닐 때 내가 가장 싫어하는 과목은 수학이었다. 나는 전형적인 '수학 울렁증' 환자였다. 수학 선생님께서 아무리 쉬운 문제라고 말씀하실 때마다 나는 속으로 '거짓말'이라고 속삭였었다.

이 책을 추천해 달라는 글을 써 달라고 부탁 받았을 당시만 해도 이해할 수 없는 내용들로 가득 찬 수학 교재일 것이라고 생각하였다. 그런데 책의 목차를 보는 순간, 이 책이라면 나도 수학을 이해할 수 있겠다는 생각이 들었다.

이 책은 내가 가장 두려워하는 함수를 주로 다루고 있지만 교과서처럼 딱딱한 형식으로 함수를 풀이해 놓지 않았다. 누구나 겪을 수 있는 일상적인 일들을 사례로 내용을 풀어 나갔는데, 특히 1장에 제시된 상황은 내가 최근에 직접 경험한 일이어서 더욱 흥미롭게 느껴졌다. 다른 사람들도 이 책을 읽으면 수학에 대한 생각이 바뀔 것이다.

수학은 오랫동안 학교에서 배워야 하는 과목으로만 여겨져 왔다. 수학 교육은 주로 선생님들의 맹목적인 문제 풀이에만 의존해 왔고, 수학만큼은 좋은 점수를 받아야 한다는 부모들의 강한 열망이 더해져 각종 수학 관련 학원들도 등장하였다. 그런데 수학을 진심으로 좋아하는 사람들은 솔직히 얼마나 될까?

오늘날에는 수학적 소양에 대한 사람들의 요구가 높아지고 있다. 제2차 세계 대전 이후 과학 기술 분야에서 전 세계를 이끌고 있는 나라는 미국이다. 이러한 성과는 미국에서 수학, 과학 교육에 대한 투자가 있었기에 가능한 일이었다. 이는 혁신적인 인재를 배출하기 위해서는 무엇보다 수학 교육에 대한 재조명이 필요하다는 것을 시사하고 있기도 하다.

과학 기술이 발전하고 사회가 진보하면서 수학은 공학 기술의 기초 과목을 뛰어넘어 새로운 분야까지 침투하고 있다. 그래서 오늘날에는 수학과 과학을 자유자재로 응용할 수 있는 인재에 대한 수요가 늘어나고 있으며, 사람들도 '첨단 과학 기술의 본질은 수학이다.'라는 관점을 받아들이고 있다. 그런데 이러한 추세에도 불구하고 수학, 과학, 공학 학위의 비중은 점점 줄어들고 있다. 한 조사에 따르면, 수학을 전공하는 대학생 중 25%에 가까운 인원이 수학 보충 수업을 받고 있으며, 졸업 기준을 충족시키는 학점을 받는 학생들은 절반도 안 된다고 한다.

기존의 수학 교과서에서는 학생들이 정확하고 빠르게 계산할 수 있는 방법들만 소개되어 있다. 대학교에서도 대부분 수학 교재를 통하여 수학의 논리를 공부한다. 그러나 수학에 흥미가 없는 사람에게는 수학이 어렵고 따분하게만 느껴진다. 기존의 교과서와 이 책의 가장 큰 차이는 바로 우리 생활 속에서 수학으로 풀 수 있는 문제를 찾아 그 속에 숨어 있는 수학적 원리를 찾아보고 공식을 유추하는 데 있다.

이 책은 전통적인 수학 교과서의 틀에서 벗어나 일상에서 흔히 일어날 수 있는 일들을 예로 들어 미적분이 무엇이고, 미적분을 어떻게 공부해야 하는지, 미적분 문제를 어떻게 풀어야 할지 등을 설명하고 있다. 또한 이 책은 단순히 어떤 공식을 증명하는 방법을 가르쳐 주는 것이 아니라 쉽고 재미있는 설명으로 수학적 사고를 길러 줄 것이다. 수학에 대한 지식이 많지 않은 사람들도 이 책을 읽고 나면 수학적 소양이 한층 높아져 있을 것이다. 고등학교를 졸업한 이후 수학을 제대로 공부해 본 적이 없는, 나와 같은 사람들도 이 책을 통하여 대학에서 수학을 전공한 학생 정도의 수학 실력을 갖추게 될 것이다.

이 책의 분량은 250여 쪽 정도밖에 되지 않지만 그 효과는 12년간 학교에서 배운 것보다 분명 클 것이다. 수학에 대해서 아는 것은 사칙연산이 전부인 독자라면 이 책을 한번 읽어 보기 바란다. 수학에 대한 생각이 달라질 것이다. 자, 이제 준비되었는가?

베이징 위엔즈톈샤 과학 기술 유한 공사(北京源智天下科技有限公司)
CEO **웨이 샤오화**(魏少華)

추천의 글 2

복사집은 사람들이 때때로 찾는 곳이다. 그런데 복사집 직원이 복사하는 것을 보면서 한 번이라도 일반 복사와 축소 복사에 숨어 있는 수학의 비밀에 대하여 생각해 본 적이 있는가? 가끔 고속 열차를 타면서 한 번이라도 고속 열차 속에 숨어 있는 수학 문제에 대하여 생각해 본 적은 있는가?

대부분의 사람들은 이런 것들에 무관심했을 것이다. 수학 지식과 관련 없는 간단한 문제라고 생각할 것이다. 혹은 추상적인 수학 이론을 이런 일들에 어떻게 적용하는가라고 생각하는 사람들도 있을 것이다. 그러나 이런 생각은 잘못된 것이다. 수학 문제들은 대부분 우리의 일상생활에서 출발하기 때문에 수학과 일상을 서로 떼어 놓고 생각할 수는 없다. 수학이 어렵고 따분한 이유는 제대로 된 학습 방법을 찾지 못했기 때문이다.

나는 이 책을 펼치는 순간부터 기대에 부풀었다. 이 책은 수학을 일상생활과 밀접하게 연관시켰기 때문에 더욱 친근하게 수학의 매력을 접할 수 있다. 또한 이 책의 내용은 수학에 대한 열정이 불타 오르게 한다.

나는 대학교에서 이공계 학생들을 가르치고 있지만, 가장 두려워하는 순간은 학생들에게 다음과 같은 질문을 받았을 때이다.

"어떻게 하면 수학을 잘할 수 있죠?"

사실 고등학교 때 고등 수학과 미적분의 일부 내용을 배우고 대학교에 진학하는 학생들은 적어도 수학의 기본 지식 정도는 갖추고 있을 것이라고 생각하였다. 그런데 대부분 고등학교 때 공식만 달달 외고 문제 풀이식으로 공부를 해 왔던 터라 내용을 제대로 이해하고 있는 학생은 드물었다. 하지만 정해진 강의 시간과 진도가 있기 때문에 고등학교 때 배운 내용을 다시 가르치는 데는 한계가 있다. 그러므로 내용은 제대로 이해하지도 않은 채 무작정 공식만 외워 문제를 푸는 데에만 익숙하기 때문에 시험이 끝나면 까먹어 버리는 악순환이 반복된다.

나는 이 책이 출간된다고 했을 때 누구보다 기뻐하였다. 내가 맡은 강의는 중적분이었는데, 지난 학기에 미적분에 대한 기초도 제대로 쌓지 못한 학생들에게 중적분은 쇠귀에 경 읽기였을 것이다. 그래서 진도에 뒤처진 학생들에게 이 책을 한 권씩 선물하였다. 그들이 이 책을 읽고 수학의 기초를 탄탄히 쌓으면서 수학에 대한 흥미를 높였으면 좋겠다는 생각에서였다.

왜 하필이면 이 책을 추천해 주었느냐고 물어보는 사람도 있을 것이다. 서점에는 고등 수학과 관련된 책들이 무수히 널려 있다. 그런데 이 책만큼 쉽고 재미있으며 일상생활과 밀접하게 관련되어 있는 책은 찾기 힘들다. 이 책은 단 열 개의 사례를 통하여 고등 수학의 전반적인 지식을 알려 주면서도 지루하고 복잡한 증명 과정은 생략하였다. 학교에서 배우는 교과서가 단순히 시험을 치르기 위한 방편이었다면 이 책은 미적분을 직접 사용할 수 있게 만들어 줄 것이다.

이 책은 '수학은 배우면 배울수록 지루하고 어렵다.'라는 학생들의 생각을 바꾸어 놓았다. 뿐만 아니라 이 책을 읽은 뒤에 수학에 대한 흥미가 높아졌다고 하는 학생들이 대다수였다.

이 책은 머릿속을 트이게 하면서 수학의 세계로 가는 새로운 문을 열어 줄 것이다. 이 책으로 수학 공부를 시작한다면 당신은 머지않아 수학과 깊은 사랑에 빠지게 될 것이다. 이제 다 함께 수학의 세계로 빠져들어가 보자.

칭화대학교 토목과

교수 **저우후**(周虎)

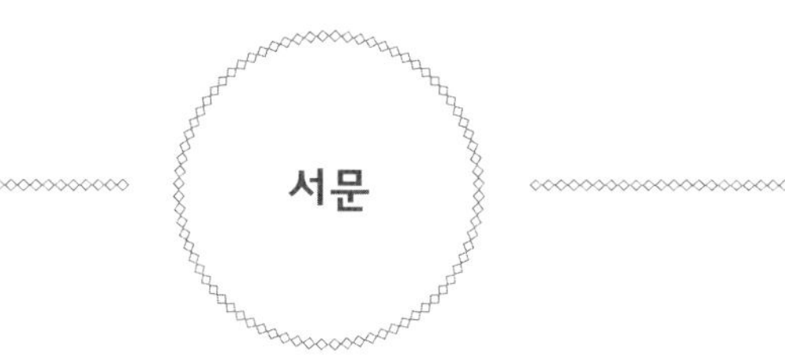

서문

이 책을 읽는 사람들은 수학에 관한 관심과 애정이 있는 사람들일 것이다. 많은 젊은이가 수학을 공부하고 있지만 이들 중 진심으로 수학을 좋아하는 사람은 얼마나 될까? 서점에만 가 보아도 수학책들이 정말 많다. 초 · 중 · 고등학생을 위한 참고서에서부터 대학원생을 위한 전공 서적까지 다양한 책들이 있었다. 그중 한 권을 집어 펼쳐 보았더니 온갖 지루한 증명 과정들만 잔뜩 나열되어 있었다. 그 책을 보는 순간 수학에 대한 흥미가 완전히 떨어져 버렸다. 요즘 학교 교과서도 이와 마찬가지였다.

나는 올해 겨울 방학에 학생들의 수학 공부를 도와줄 의향으로 보충 수업을 진행했었다. 그런데 한 학생은 기말 고사 기간이 되었는데 수학 점수가 좋지 않아 걱정하고 있었다. 그 학생은 자신이 수학에 소질이 없는 것 같다고 말하였고, 나는 늘 그래 왔던 것처럼, 학생을 위로하고 격려하면서 시험에 주로 나오는 문제가 어떤 형식인지, 어떻게 공부해야 좋은 점수를 받을 수 있는지 설명해 주었다. 아마 그 학생은 시험이 끝나고 나면 지금까지 공부했던 모든 내용을 머릿속에서 모두 지우면서 수학은 아주 지루하고 어려운 과목이라는 인식만 갖게 될 것이다.

이 책을 읽고 나면 다가갈 수 없을 것만 같았던 수학이 친근한 친구처럼 느껴질 것이다. 그리고 수학을 통해서도 즐거움을 맛볼 수 있다는 생각을 하게 될 수도 있을 것이다.

이 책은 열 개의 일상적인 소재를 통하여 대학 수학 수준의 지식을 습득할 수 있도록 하였다. 길고 지루한 증명 과정도 일상의 문제들과 연결 지어 이해하기 쉽게 설명해 놓았다. 이를 위하여 잘 쓰이지도 않으면서 복잡하기만 한 증명 과정은 적절히 생략하여 수학에 대한 흥미를 잃지 않도록 하였다. 존 폰 노이만John von Neumann은 이렇게 말하였다.

"수학이 쉽고 간단하다는 말을 믿지 않는 사람들은 생활이 얼마나 복잡한 것인지 아직 경험하지 못한 이들이다."

수학이 어렵고 복잡한 것이라고 생각한다면 수학을 제대로 공부하는 법을 아직 깨닫지 못한 것이다. 수학이란 단어만 듣고 지레 겁먹을 필요는 없다. 미적분을 이해하는 데 깊이 있는 전문적인 지식은 필요 없다. 미적분은 학교 때 배웠던 내용과 크게 다르지 않다. 사칙 연산을 할 수 있고 간단한 도형의 넓이를 구할 수 있는 정도만 되어도 이 책을 통하여 미적분을 완전히 이해할 수 있을 것이다.

수학은 원래 지루한 것이 아니다. 피보나치Leonardo Fibonacci의 토끼, '원숭이도 타자기로 셰익스피어의 희곡을 쓸 수 있다.'라는 무한 원숭이 이론, 뉴턴Isaac Newton과 라이프니츠Gottfried Wilhelm Leibniz의 미적분, 신기한 뫼비우스Möbius의 띠까지 수학은 흥미진진한 문제들로 가득하다. 미분 기하학의 대가였던 천싱션(陳省身) 교수가 말했던 것처럼 수학은 재미있다!

수학은 우리 생활에 가장 유용한 것이라는 내 말에 이렇게 반문하는 사람들도 있을 것이다.

"수학을 대체 어디에다 써먹는다는 거죠? 살면서 더하기 빼기만 잘하면 되지 복잡한 공식은 알아서 뭐해요?"

그러나 이 책을 읽고 나면 수학이 매일 밥을 먹는 것과 다르지 않다고 생각할 것이다. 아주 오래전에 어떤 음식을 먹었는지는 기억나지 않지만 그때 먹은 그 음식은 우리 몸에 영양소를 공급해 주었다. 수학을 공부하는 것도 마찬가지이다. 어떤 공식을 배워도 금세 까먹을지 모르지만 그 공식을 배우고 이해하는 과정 자체가 영혼의 일부분이 된다.

하루에도 수많은 정보가 쏟아져 나오는 오늘날 수학은 지혜의 눈을 선물해 줄 것이고 경쟁이 치열한 취업 현장에서도 필살기가 되어 줄 것이다. 만약 수학은 계산만 할 줄 알면 된다고 생각한다면 이 책을 읽어 보라. 수학은 지루하고 복잡하다고 생각하는 사람도 이 책을 읽고 나면 수학에 대한 인식이 달라질 것이다.

이 책의 모든 내용은 저자가 쓴 것이다. 특별히 X장에 나오는 의학 관련 지식을 상세히 설명해 주신 탄콴(譚寬) 선생님께 감사드리고, 추천의 글을 써 주신 웨이샤오화(魏少華) 대표님과 저우후(周虎) 교수님께도 감사드린다. 그리고 이 책이 나오기까지 뒤에서 묵묵히 애써 준 모든 편집자와 도움을 준 친구, 동료 여러분께 진심으로 감사하다.

아마 이 책을 읽고 나면 그동안 무섭고 낯설게 느껴졌던 온갖 수학 용어들이 사실은 종이호랑이에 불과하였다는 사실을 깨닫게 될 것이다.

제 VII 장

옷 한 벌에 들어가는 천

제 VIII 장

만두소가 많이 든 만두가 맛있다

제 IX 장

어항 고르기

제 X 장

음주 운전은 안 돼요

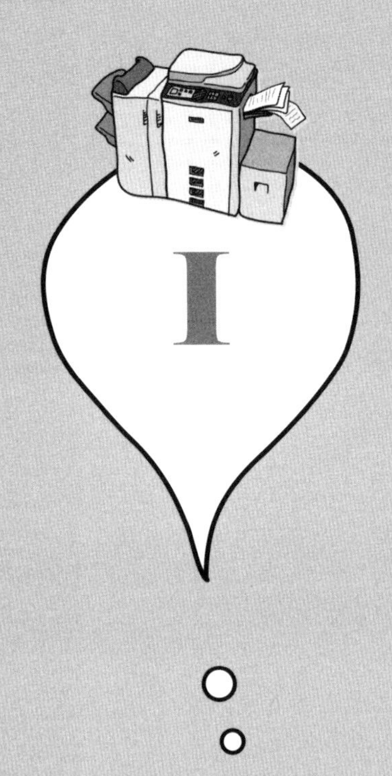

축소 복사로 얻는 이득

축소 복사에 필요한 복사용지의 수량

꼭 읽어 보고 싶은 원서가 있는데 그것을 더 이상 구할 수 없게 된다면 어떻게 해야 할까? 다행히도 도서관에 그 책이 있어서 빌려 읽기는 했는데, 그 책을 두고두고 보고 싶어 복사를 하기로 하였다. 그러나 내용이 방대하기 때문에 복사할 양도 많고 복사본을 지니고 다니기에도 불편하다는 생각이 들었다. 이럴 때 자주 사용하는 방법이 축소 복사이다. 이 장에서는 축소 복사를 할 때 복사용지가 얼마만큼 필요한지 알아보도록 하자.

〈그림 1-1〉과 같은 복사기를 사용할 경우에는 축소 복사를 한 후에 글자가 변형되거나 흐릿하게 보이는 일이 없도록 원서의 가로, 세로 크기를 축소하고 원서와 같은 크기의 복사용지를 사용하는 것이 좋다. 이때 우리는 복사용지 한 장에 원서 4쪽이 복사된다는 사실을 알 수 있다. 양면 복사를 할 경우에는 복사용지 한 장에 원서 8쪽을 복사할 수 있으므로 복사용지 두 장에는 16쪽, 세 장에는 24쪽이 복사된다.

〈그림 1-1〉 복사기

이를 통해서 다음과 같은 식을 만들 수 있다.

복사할 수 있는 원서 쪽수 = 축소 복사에 사용된 복사용지 수량×8

등식의 성질을 이용하여 등식의 양쪽을 8로 나누면 다음과 같이 된다.

복사할 수 있는 원서 쪽수 ÷ 8 = 축소 복사에 사용된 복사용지 수량

위의 식을 다시 다음과 같이 정리해 볼 수 있다.

$$\text{축소 복사용지} = \frac{\text{복사할 원서 쪽수}}{8}$$

하지만 이 식에는 한 가지 문제가 있다. 만약 100쪽짜리 책을 축소 복사한다면 복사용지가 12.5장 필요하다. 소수점 단위로 떨어지는 이유는, 축소 복사를 했을 때 마지막 쪽은 복사용지의 한쪽 면밖에 사용되지 않았기 때문이다. 그러나 실제로는 복사용지의 절반만 사용하였다 하더라도 한 장을 모두 사용한 것으로 계산한다.

그렇다면 위의 식을 다음과 같이 변형해 보자.

$$\text{축소 복사용지} = \left\lceil \frac{\text{복사할 원서 쪽수}}{8} \right\rceil$$

등식 오른쪽의 기호 '⌈ ⌉'는 '천장함수' 또는 '올림함수'라고 한다. 이 기호는

복사용지를 한 장보다 덜 사용했을 때, 한 장 중 얼마만큼을 사용했든 한 장으로 계산한다는 의미를 나타낸다. 그런데 인심이 후한 복사집 사장님이 "마지막 한 장은 다 사용하지도 않았으니 계산에서 빼 줄게요."라고 말할 수도 있다.

이런 경우 식은 다음과 같이 표기할 수 있다.

$$\text{축소 복사용지} = \left\lfloor \frac{\text{복사할 원서 쪽수}}{8} \right\rfloor$$

등식 오른쪽의 기호 '⌊ ⌋'는 '바닥함수' 또는 '내림함수'라고 한다. 이 기호는 인심이 후한 복사집 사장님을 만났을 때, 마지막 한 장을 다 사용하지 않았다면 비용으로 계산하지 않는다는 의미를 나타낸다. 만약 위의 내용을 수학적 방법으로 표현한다면 다음과 같은 형식이 된다. x를 복사할 원서 쪽수라 하고 y를 축소 복사용지 수라고 한다. $f(x)$는 복사 용지의 수량과 원서 쪽수 사이의 전환 관계를 나타낸다.

즉, 다음과 같은 식으로 나타낼 수 있다.

$$y = f(x), \qquad f(x) = \left\lceil \frac{x}{8} \right\rceil$$

여기에서 $f(x)$를 제거하고 다음과 같이 표기할 수 있다.

$$y = \left\lceil \frac{x}{8} \right\rceil$$

여기에서 $f(x)$는 함수라 부른다. 어떤 책을 축소 복사할 때 필요한 복사용지의 수량을 알기 위해서는 복사해야 할 쪽수를 살펴야 한다. 위의 식에서 x가 이에 해당한다. 그래서 x를 자유롭게 변할 수 있는 숫자라는 의미에서 독립변수라 부른다. 한편, 축소 복사에 사용한 복사용지의 수량을 나타내는 y도 변할 수 있기는 하지만 x의 변화에 따라 변하기 때문에 종속변수라 부른다.

만약 축소 복사해야 할 분량이 97쪽이라면 필요한 복사 용지의 수량은 열세 장이다. 그런데 자세히 따져 보면 복사해야 할 분량이 98쪽일 때도 열세 장이 필요하고 104쪽을 복사할 때에도 종이는 여전히 열세 장이 필요하다는 것을 알 수 있다. 다시 말해 축소 복사해야 할 쪽수가 97~104쪽 사이일 때에는 복사 용지가 열세 장 필요한 것이다. 이로써 한 개의 독립변수에 대응하는 종속변수는 단 하나지만 한 개의 종속변수에 대응하는 독립변수는 여러 개일 수도 있다는 결론을 추론해 낼 수 있다. 이것이 함수와 사상의 특징이다.

축소 복사처럼 실생활과 관련된 문제에서 x는 반드시 양의 정수여야 한다. −5쪽이나 2.33쪽을 복사한다는 것은 불가능하기 때문이다. x가 취할 수 있는 범위에 관해서는 수학 용어인 정의역으로 설명할 수 있다. 예를 들어, 기온처럼 어떠한 값도 취할 수 있는 수치의 경우 정의역은 실수 전체이지만 축소 복사하는 쪽수 같은 경우에는 구체적인 문제에 따라 분석이 필요하다. 독립변수 x에 범위가 정해져 있다면 종속변수 y도 범위가 정해진다. 여기에서 종속변수가 취할 수 있는 범위를 치역이라 부른다.

복사집 사장님이 한 장을 다 채우지 않은 복사용지는 계산에 넣지 않는다고 하고 복사용지 한 장당 30원이라고 할 때, 복사비로 지불해야 하는 복사용지 수는 다음과 같다.

$$\text{복사용지 수량} = \left\lfloor \frac{\text{축소 복사 쪽수}}{8} \right\rfloor$$

이번에는 복사할 쪽수를 x, 계산해야 하는 복사용지 수량을 y라 하고, 계산해야 하는 복사용지 수량과 복사할 쪽수의 관계를 $f(x)$라 한다면 다음과 같은 식으로 나타낼 수 있다.

$$y = f(x), \qquad f(x) = \left\lfloor \frac{x}{8} \right\rfloor$$

이렇게 하면 지불해야 할 복사용지의 수량을 구할 수 있다. 그럼 이제 복사 비용으로 얼마나 지불해야 하는지만 계산하면 된다.

$$\text{지불해야 할 비용} = 30 \times \text{복사용지 수량}$$

여기에서 지불해야 할 돈을 z, 복사용지 수와 지불해야 할 돈의 관계를 $g(y)$라 한다면 다음과 같은 식으로 나타낼 수 있다.

$$z = g(y), \qquad g(y) = 30 \times y, \qquad y = f(x), \qquad f(x) = \left\lfloor \frac{x}{8} \right\rfloor$$

y는 $y = f(x)$ 식에서 x의 값에 따라 변하므로 종속변수라 한다. 그러나

$z = g(y)$ 식에서는 z가 y의 값에 따라 변하는 것을 알 수 있다. 그러므로 y는 $y = f(x)$ 식에서는 종속 변수이지만 $z = g(y)$ 식에서는 독립변수이다. 이처럼 독립변수와 종속변수는 식에 따라 변하므로 절대적인 것이라 할 수 없다. 만약 식에 y를 사용하고 싶지 않다면 위의 식을 다음과 같이 표기할 수 있다.

$$z = g(f), \qquad g(f) = 30 \times f(x), \qquad f(x) = \left\lfloor \frac{x}{8} \right\rfloor$$ ①

여기에서는 위에서 $g(y)$라고 표기했던 식을 $g(f)$의 형식으로 바꾸었고, 여기에서 f가 나타내는 것은 $f(x)$의 계산 결과이다. 이것도 복잡하다고 여긴다면 더욱 간단하게 표기할 수 있는 방법도 있다.

$$g(f) = 30 \times f(x), \qquad f(x) = \left\lfloor \frac{x}{8} \right\rfloor$$

$f(x) = \left\lfloor \frac{x}{8} \right\rfloor$의 식에서 $f(x)$는 함수를 의미한다. 한편, $g(f) = 30 \times f(x)$의 식에서 f는 독립변수의 위치에 놓여 있다. 이처럼 독립변수가 종속변수와 같지 않은 또 다른 함수의 함수(여기에서 $g(*)$는 하나의 식이자 함수이기도 하다.)를 합성함수라 부른다. 위의 합성함수를 일반 함수로 표기하려면 $f(x)$를 $\left\lfloor \frac{x}{8} \right\rfloor$로 대체하고 f를 x로 대체해서 다음과 같이 나타낼 수 있다.

$$g(x) = 30 \times \left\lfloor \frac{x}{8} \right\rfloor$$

---

① 우리나라에서는 이렇게 표현하지 않고, $g(f(x))=30\times f(x)$로 표현한다.

이때 위 식의 독립변수가 x로 변했기 때문에 $g(*)$가 나타내는 대응 관계도 변하게 된다. $g(f)$일 때 $g(*)$는 복사용지의 수량과 지불해야 하는 비용의 관계를 나타냈지만 독립 변수가 f에서 x로 변하면서 $g(*)$는 복사할 쪽수와 지불해야 하는 비용의 관계를 나타내는 것으로 바뀌게 되었다.만약 어느 날 너그러운 복사집 사장님이 복사용지는 똑같이 장당 30원이지만 다 채우지 않은 쪽은 계산에서 뺄 뿐더러 3000원을 초과한 부분은 20% 할인까지 해 준다고 하자. 지불해야 할 비용이 3000원보다 작거나 같을 때에는 위의 식을 그대로 사용할 수 있다.

$$g(x) = 30 \times \left\lfloor \frac{x}{8} \right\rfloor$$

그러나 지불해야 할 비용이 3000원을 초과할 경우 20% 할인을 받을 수 있다. 그렇다면 3000원을 초과한 부분은 $g(x) - 3000$ 혹은 $30 \times \left\lfloor \frac{x}{8} \right\rfloor - 3000$으로 나타낼 수 있고, 20% 할인된 비용은 여기에 0.8을 곱하면 구할 수 있다.

$$[g(x) - 3000] \times 0.8 \quad \text{혹은} \quad \left(30 \times \left\lfloor \frac{x}{8} \right\rfloor - 3000\right) \times 0.8$$

그러나 이것은 3000원을 초과하여 할인 혜택을 받은 비용만 계산한 것이므로 혜택을 받지 못한 3000원은 아직 더하지 않은 상태이다. 그러므로 총 비용이 3000원을 초과할 경우 지불해야 할 비용 $g(x)$는 다음과 같다.

$$g(x) = 3000 + \left(30 \times \left\lfloor \frac{x}{8} \right\rfloor - 3000\right) \times 0.8$$

위의 식은 다시 다음과 같이 간소화할 수 있다.

$$\begin{aligned} g(x) &= 3000 + \left(30 \times \left\lfloor \frac{x}{8} \right\rfloor - 3000\right) \times 0.8 \\ &= 3000 + 30 \times 0.8 \times \left\lfloor \frac{x}{8} \right\rfloor - 3000 \times 0.8 \\ &= 3000 - 2400 + 24 \times \left\lfloor \frac{x}{8} \right\rfloor = 600 + 24 \times \left\lfloor \frac{x}{8} \right\rfloor \end{aligned}$$

정리해 보면 할인 혜택을 받은 후 지불해야 할 금액은 다음과 같다.

$$g(x) = 600 + 24 \times \left\lfloor \frac{x}{8} \right\rfloor$$

여기에서 한 가지 더 생각해 보아야 할 문제는 과연 몇 쪽을 복사해야 총 금액이 3000원을 초과하느냐는 것이다. 복사용지 한 장에 30원을 받으므로 총 금액이 3000원이 되려면 복사용지를 100장 사용해야 한다. 그러나 복사집 사장님이 다 채우지 않은 페이지는 비용을 받지 않겠다고 했으므로 총 금액이 3000원을 초과하려면 최소한 101장을 복사해야 하고 그러면 축소 복사하는 쪽수는 808페이지가 된다. 다시 말해, 축소 복사하는 쪽수가 808쪽 미만일 때에는 할인 혜택을 받지 못하고 808쪽 이상이면 할인 혜택을 받을 수 있다는 의미이다.

이처럼 둘 혹은 몇 개의 부분으로 나눠서 계산하는 함수를 조각 함수라 하고, 수학적 언어로 표현하면 다음과 같다.

$$g(x) = \begin{cases} 30 \times \left\lfloor \frac{x}{8} \right\rfloor & (0 < x < 808, \quad x \in N) \\ 600 + 24 \times \left\lfloor \frac{x}{8} \right\rfloor & (x \geq 808, \quad x \in N) \end{cases}$$

다변수함수에 능통한 복사집 사장님

그러면 이제 일반 복사나 3:1 혹은 2:1 축소 복사처럼 조금 더 일반적인 상황을 살펴보기로 하자. 복사집에 갈 때마다 계산기를 두드려 가면서 머리 아프게 계산하지 않으려면 조금 더 보편적으로 사용할 수 있는 계산식이 필요하다. 먼저 축소 복사와 일반 복사 사이의 규칙을 찾아보자. 일반 복사는 1:1의 비율로 복사를 하는 것이다. 이처럼 일반 복사의 경우에도 위에서 얻은 축소 복사 공식을 그대로 적용할 수 있다. 새로운 사물이나 미지의 문제를 기존의 사물 혹은 이미 알고 있는 문제로 바꾸어 해결하려는 사고방식은 수학 문제를 풀 때, 특히 미적분 같은 고등 수학 문제를 풀 때 아주 중요하다.

그러면 문제의 처음 식으로 돌아가 보자.

$$\text{복사용지 수량} = \left\lfloor \frac{\text{축소 복사 쪽수}}{8} \right\rfloor$$

위의 식에서 8이라는 숫자는 어떻게 나온 것인지 다시 한 번 생각해 보자.

종이 한 장에 2:1의 비율로 축소 복사할 경우 4쪽을 복사할 수 있고 3:1의 비율로 축소 복사할 경우 9쪽을 복사할 수 있다. 그러나 일반 복사의 경우 1:1의 비율로 복사하므로 종이 한 장에 1쪽만 복사할 수 있다. 이때 종이를 아끼기 위해 앞, 뒤 양면으로 복사한다면 종이 한 장에 복사할 수 있는 쪽수는 2배가 된다. 이 내용을 정리해 보면 다음과 같은 식을 얻을 수 있다.

$$\text{복사용지 수량} = \left\lfloor \frac{\text{축소 복사 쪽수}}{\text{축소 비율}^2 \times 2} \right\rfloor$$

이제 지불해야 할 비용과 축소 복사할 쪽수, 축소 비율의 대응 관계를 구하는 것은 어렵지 않다. 축소 복사할 페이지 수를 x_1이라고 하고, 축소 복사 비율을 x_2라고 한다면 지불해야 할 비용과의 대응 관계는 $f(x_1, x_2)$로 나타낼 수 있다.

여기에서 다변수함수라는 새로운 함수 대응 관계가 등장한다. 이전에 설명한 함수는 모두 $f(x)$나 $g(x)$로 표기하고 독립변수는 하나였다. 이러한 함수를 일변수함수라 부른다. 그러나 축소 복사할 쪽수 x_1과 x_2 축소 복사 비율 사이에는 아무 관계(축소 복사할 쪽수는 어떤 내용을 복사할 것인지에 따라 결정되고, 축소 복사 비율은 개인의 수요와 주관에 따라 결정되는 것이다.)가 없다. 이처럼 독립변수가 한 개 이상이고 독립변수 간에 명확한 수학적 관계가 존재하지 않을 때 $f(x_1, x_2)$와 같은 다변수함수로 나타낸다. 전문 분야에서는 x_1와 x_2와 같은 독립변수를 '자유도'라고 부르며, 독립 변수가 두 개일 때 자유도는 2, 독립변수가 세 개일 때 자유도는 3이라고 한다.

위의 내용을 정리하면 기존 식의 x를 x_1로 바꾸고 8을 $2 \times x_2^2$로 바꾸고

기존의 일변수함수 $g(x)$는 $f(x_1, x_2)$와 같은 다변수함수 형식으로 나타낼 수 있다.

$$f(x_1, x_2) = \begin{cases} 30 \times \left\lfloor \frac{x_1}{2 \times x_2^2} \right\rfloor & 0 < \frac{x_1}{2 \times x_2^2} < 101 \quad x_1, x_2 \in N \\ 600 + 24 \times \left\lfloor \frac{x_1}{2 \times x_2^2} \right\rfloor & \frac{x_1}{2 \times x_2^2} \geq 101 \quad x_1, x_2 \in N \end{cases}$$

식의 변화를 눈여겨보았다면 기존에 $0 < x < 808$과 $x \geq 808$이 $0 < \frac{x_1}{2 \times x_2^2} < 101$과 $\frac{x_1}{2 \times x_2^2} \geq 101$로 바뀌었다는 사실을 눈치챘을 것이다. $\frac{x_1}{2 \times x_2^2}$이 복사에 필요한 용지의 수를 나타내기 때문이다.

지금까지 간단히 일변수함수와 다변수함수에 대해 알아보았다. 수학은 상상했던 것만큼 어렵고 복잡한 것만은 아니다. 수학 문제에 주로 등장하는 것은 일변수함수이지만 다변수함수 역시 일상생활과 관련된 문제들을 해결할 때 유용하다. 수학은 고대의 결승 문자부터 시작하여 인류의 생활에 많은 편리함을 주었다. 일상생활 곳곳에도 재미있는 수학 문제들이 숨어 있다는 것을 알 수 있다.

문구점과 집합론

〈그림 1-2〉와 같이 다양한 종류의 문구들은 어떤 방식으로 진열할 수 있을까? 이러한 문구들은 일정한 규칙에 따라 진열할 수 있다. 필기구는 필기구끼리 모아서 통에 넣고, 노트는 노트끼리 선반에 올려놓고, 각도기와 자

〈그림 1-2〉 다양한 문구들

종류도 한군데에 모아 놓는 식이다. 종류별로 분류해 놓을 수도 있다. 예를 들어 연필은 진하기에 따라 분류하고, 펜은 색연필, 만년필, 수성 펜, 유성 펜 등으로 구분해서 진열한다. 노트는 크기별로 선반에 가지런히 쌓아 놓는다. 이와 같은 묶음 및 분류 방식을 수학에서는 집합이라고 부른다.

모든 문구류를 한데 모아 놓으면 하나의 집합이 된다. 여기에서는 '문구 집합'이라 부르기로 하자.

문구 집합은 필기구, 공책, 그리기 도구, 기타 문구로 분류할 수 있다. 또 문구 집합에서 모든 필기구만을 따로 분류하여 '필기구 집합'이라는 새로운 집합을 만들 수도 있다. 하나의 집합은 공통적인 특징이 있는 사물들이 모여 이루어진다. 여기에서 공통적인 특징은 상황에 따라 정할 수 있다.

예를 들어, 플라스틱 자와 플라스틱 볼펜은 플라스틱이라는 공통점으로 하나의 집합을 이룰 수 있다. 필기구 집합은 필기구의 종류에 따라 연필, 볼펜, 사인펜 등으로 나누어 연필 집합, 볼펜 집합, 사인펜 집합을 만들 수 있다.

HB 연필은 필기구에 해당한다. 이것을 수학적 용어로 표현하면 HB 연필은 필기구 집합의 원소가 된다. 그렇다면 HB 연필 외에도 모든 필기구가 필기구 집합의 원소가 될 수 있다. 기호를 사용해서 표기하면 다음과 같다.

HB 연필 ∈ 필기구 집합

물론 HB 연필은 연필 집합에도 속하고 연필 집합의 원소라고도 말할 수 있다. 기호를 사용해서 표기하면 다음과 같다.

HB 연필 ∈ 연필 집합

만약 HB 연필이 연필 집합에 속하지 않고 연필 집합의 원소가 아니라면 다음과 같이 표기한다.

HB 연필 ∉ 연필 집합

모든 연필은 필기구에 속한다. 하지만 연필의 종류도 다양하고 필기구의 종류도 다양하므로 이럴 때 연필은 원소가 아니라 집합에 따라 생각해야 한다. 그러면 연필 집합은 필기구 집합의 부분집합[②]에 해당한다. 이 말의 의미는

② '필기구 집합이 연필 집합을 포함한다.' 혹은 '연필 집합이 필기구 집합에 포함된다.'라고 표현할 수도 있다.

모든 연필이 필기구에 해당한다는 뜻이다. 기호로 표기하면 다음과 같다.

$$\text{연필 집합} \subset \text{필기구 집합}$$

물론 문구점에는 색깔과 모양이 똑같은 문구들도 많을 것이다. 만약 문구가 너무 많을 경우에는 진열장에 올려놓을 수 있는 샘플들만 전시해 놓고 나머지는 창고에 보관해 놓아야 하는 경우도 있다. 집합도 마찬가지이다. 집합 안의 원소는 샘플에 해당하며 한 집합 안의 원소들끼리는 중복되지 않는다.

때로는 어떤 상품이 인기가 정말 많아서 샘플까지 모두 판매되는 경우도 있다. 그러면 상품을 다시 주문해서 채워 넣기 전까지는 〈그림 1-3〉처럼 해당 상품이 하나도 없는 품절 상태가 된다. 수학에서는 이를 공집합이라 부르고 기호로는 $\varnothing$으로 표기한다.

〈그림 1-3〉 품절 상태

수학이 재미있다는 것을 여기에서도 발견할 수 있다. '아무것도 없는 것'인데도 이것을 하나의 상태나 집합으로 여긴다는 것이다. 모든 집합은 아무것도 없는 상태일 수도 있고, 아무것도 없는 상태를 포함할 수도 있다. 이는 어떤 숫자에 0을 더하면 다시 그 숫자가 되는 것과 같다. 그러므로 공집합은 모든 집합의 부분집합이 될 수 있다.

한편, 집합은 자기 자신을 포함한다. '필기구 집합은 필기구 집합의 부분집합이다.'라는 진술이 이상하게 들릴지 모르겠지만 '모든 필기구는 필기구이다.'라는 의미로 해석할 수 있고, 논리적으로도 성립하는 말이다. 그러므로 모든 집합은 자신의 부분집합이라고 할 수 있다.

여기에서 전체집합이라는 개념을 알아보자. 만약 한 집합이 다른 집합을 포함하고 두 집합이 동일하지 않을 때 이 집합을 다른 집합의 전체집합이라고 한다.

연필 집합과 필기구 집합을 예로 들면, 모든 연필은 필기구이지만 연필은 모든 필기구(볼펜, 만년필, 수성펜 등)를 포함하지 않는다. 이럴 때 필기구 집합은 연필 집합의 전체집합이라 하고 다음과 같이 표기한다.

연필 집합 $\subset$ 필기구 집합

한 가지 유의할 점은 수학책마다 표기하는 기호가 다를 수 있다는 것이다. 예를 들어 이 책에서는 $\subset$를 사용하지만 $\subseteq$를 사용하기도 한다. 이는 수학자들마다 사용하는 기호 체계가 다르기 때문이다.

그래서 수학 문제를 증명할 때에는 먼저 자신이 사용하는 기호 체계를 정확하게 설명하는 것이 중요하다[3].

전문 수학 교재에서는 이전에 배운 함수에 대해 정의역과 치역을 두 개의 비공집합으로 보고 정의역 집합의 모든 원소가 치역 집합의 유일한 원소와 대응하는 것으로 정의해 놓았다. 이렇듯 집합의 개념을 이전에 배운 함수의 개념과 연결지어 이해할 수도 있다. 어렵고 지루할 것만 같은 수학 문제도 생활 속 사례들과 연결지어 생각해 보면 훨씬 재미있게 다가설 수 있다.

볼펜은 필기구일까 플라스틱 제품일까

앞에서 볼펜을 플라스틱으로 분류하면서 이런 의문이 들 수 있다. 볼펜은 필기구일까 플라스틱 제품일까? 이러한 의문이 드는 것은 볼펜뿐만이 아니다. 박쥐는 날짐승인지 길짐승인지, 과일 주스는 음료인지 건강 식품인지와 같은 문제들도 있다.

이처럼 하나의 사물은 서로 다른 분류 기준에 따라 동시에 두 가지 분류에 속할 수 있는데, 이를 집합으로도 표현할 수 있다. 예를 들어 볼펜이 필기구 집합과 플라스틱 집합에 동시에 속할 때 기호로 다음과 같이 표기한다.

볼펜 $\in$ 필기구 집합
그리고
볼펜 $\in$ 플라스틱 집합

---

③ 이 책에서 사용한 기호 체계는 [부록 1]을 참고한다.

하지만 이런 표기 방법은 한눈에 잘 들어오지 않으므로 교집합[④]을 나타내는 기호인 ∩으로 표기해 보도록 하자. 교집합은 '여기에도 포함되고 저기에도 포함된다.'라는 의미이다. 볼펜을 교집합 기호로 표기하면 다음과 같다.

볼펜 ∈ 필기구 집합 ∩ 플라스틱 집합

또 하나의 예를 들어 보자. 시장에서는 고기, 생선, 채소, 과일 등 다양한 상품을 판다. 그렇다면 시장에서 파는 모든 상품을 나타내고 싶을 때에는 어떻게 해야 할까? 이럴 때에는 합집합[⑤]을 나타내는 기호인 ∪가 필요하다. 합집합은 집합과 집합 사이에 어떤 관계가 있든 없든 상관없이 모든 원소를 합한 것을 의미한다. 생선과 채소는 파는 가게는 서로 다르지만 모두 한 시장에서 판매되는 것들이다. 이렇게 한 시장에서 판매되는 모든 상품을 나타낼 때 수학에서는 합집합을 사용하며 다음과 같이 표기한다.

생선 집합 ∪ 육류 집합 ∪ 채소 집합 ∪ 과일 집합

정말 간단하지 않은가? 그럼 또 다른 예를 살펴보도록 하자. 토마토는 채소류에 속하지만 육류에는 속하지 않는다. 이럴 때에는 수학적 기호를 사용하여 다음과 같이 표기할 수 있다.

---

④ 확률이나 기타 과목에서는 '곱'이라고도 부른다.

⑤ 확률이나 기타 과목에서는 '합'이라고도 부른다.

채소류 집합 — 육류 집합

새로 등장한 부호 ' — '는 차집합을 나타낸다. 차집합은 '여기에는 포함되지만 저기에는 포함되지 않는다.'라는 의미이다. 한 가지 주의할 점은 '속하는 집합'을 부호의 왼쪽에 적고 '속하지 않는 집합'을 부호의 오른쪽에 적어야 한다는 것이다. 한편, 시장의 모든 가게가 정상적으로 영업하는데 과일 가게에만 물건이 제때 들어오지 않아 영업을 하지 못하는 경우가 있을 수 있다. 이처럼 시장에서 과일 가게만 제외하고 영업을 하는 상황을 차집합의 개념에 따라 표기하면 다음과 같다.

모든 가게 — 과일 가게

만약 모든 가게를 하나의 집합으로 이해한다면 과일 가게도 여기에 포함되며, 앞에서 배운 내용에 따라 다음과 같이 표기할 수 있다.

과일 가게 ⊂ 모든 가게

이때 모든 가게를 전체 집합이라고 하면 '모든 가게 — 과일 가게'를 여집합이라 부르고 '과일 가게^{c}'로 표기한다.

지금까지의 설명을 정리해 보면 집합의 연산에는 네 가지 법칙이 있다는 것을 이해할 수 있다.

(1) 교환법칙: $A \cap B = B \cap A$, $A \cup B = B \cup A$

(2) 결합법칙: $A \cap (B \cap C) = (A \cap B) \cap C$, $A \cup (B \cup C) = (A \cup B) \cup C$

(3) 분배법칙: $A \cap (B \cup C) = (A \cap B) \cup (A \cap C)$, $A \cup (B \cap C) = (A \cup B) \cap (A \cup C)$

(4) 드모르간의 법칙⑥: $(A \cap B)^c = A^c \cup B^c$, $(A \cup B)^c = A^c \cap B^c$

여기에서 중요한 것은 집합들 간의 연산 법칙 중 괄호 안과 밖의 부호가 동일할 때에는 결합법칙만 있고 분배법칙은 없으며, 괄호 안과 밖의 부호가 동일하지 않을 때에는 분배법칙만 있고 결합법칙이 있을 수 없다는 사실이다. 이를 꼭 기억하기 바란다.

⑥ 드모르간의 법칙은 집합들 간의 관계를 설명한다.

수학적 사고

장자(莊子)는 전국 시대의 사상가, 철학가, 문학가였으며 도가의 대표적인 인물로 노자(老子) 사상의 계승자이다. 장자의 대표적인 저서로는 〈장자(莊子) · 잡편(雜篇) · 천하(天下)〉가 있는데 〈장자(莊子) · 천하편(天下篇)〉이라고도 부른다. 이 책은 '천하'를 주제로 춘추 전국 시대 제자백가(諸子百家)의 역사를 차례대로 소개하며 주요 사상을 평가하고 비판하기도 하는 일종의 논문 같은 서적이다. 이 책에는 '일척지추(一尺之棰) 일취기반(日取其半) 만세부갈(萬世不竭): 한 자 길이의 채찍을 매일 절반씩 자르면 영원토록 다 자를 수 없다.'라는 구절이 나온다.

여기에서 한 자는 33㎝이다. 33㎝ 길이의 종이를 준비하여 절반씩 자르면서 과연 몇 번을 자를 수 있는지 남아 있는 종이의 길이는 얼마인지 직접 시험해 보자. 그런 다음 자르는 횟수와 남아 있는 종이의 길이의 관계를 함수식으로 표현해 보고 시험한 결과와 일치하는지 확인해 보라.

함께 생각해 보기

다섯 명의 해적이 금화 100개를 약탈하고 이를 공평하게 나누기 위해 다음과 같은 방법을 생각해 냈다.

① 제비뽑기로 각자의 번호를 정한다.

② 1번으로 뽑힌 사람이 방법을 제시하면 사람들이 투표해서 결정한다. 과반수 이상이 동의하면 그의 방법대로 금화를 나눈다. 만약 과반수가 되지 않으면 그 사람은 바다에 던져져 상어밥이 된다.

③ 만약 1번 사람이 죽으면 2번 사람이 방법을 제시하고 네 명이 투표한다. 과반수 이상이 동의하면 그의 방법대로 금화를 나누고 과반수가 되지 않으면 역시 바다에 던져 상어밥으로 만든다.

④ 이러한 방식으로 공평한 방법이 나올 때까지 투표한다.

만약 당신이 1번을 뽑았다면 어떤 방법을 제시해야 가장 많은 금화를 얻을 수 있을까? 한 사람이 금화를 스무 개씩 나눠 갖는 것이 가장 공평하지만, 중요한 것은 제시한 방법이 과반수 이상의 동의를 얻어야만 금화를 손에 넣을 수 있다는 점이다. 이 문제는 해적의 수가 처음부터 다섯 명이라고 정해져 있기 때문에 복잡하게 느껴지므로 간소화하여 생각해 보기로 하자.

먼저 해적이 한 명만 있다고 하자. 그렇다면 금화는 나눌 필요 없이 100개 모두 한 사람이 갖게 된다. 그럼 이제 해적이 두 명 있을 때를 생각해 보자. 만약 1번 해적이 제시한 방법으로 2번 해적이 금화 100개를 갖지 못한다면 2번 해적은 1번 해적의 방법에 반대할 것이고, 규칙에 따라 1번 해적은 바다에 던져져 상어밥이 된다. 그러면 2번 해적은 자기밖에 없으므로 해적이 한 명일 때와 마찬가지로 금화 100개를 모두 손에 넣게 된다. 그러므로 1번 해적이 목숨을 보전하려면 2번 해적에게 금화 100개를 모두 주는 방법을 제시해야 한다.

이제 해적이 세 명 있을 때를 생각해 보자. 앞에서 설명한 것처럼 만약 1번 해적의 방법이 과반수 찬성을 얻지 못해 바다에 던져져 상어밥이 되면 2번 해적이 새로운 방법을 제시해야 하는데 이렇게 되면 2번 해적은 목숨을 보전하기 위해 아무것도 얻지 못하는 방법을 선택할 수밖에 없다.

이때 1번 해적이 자신은 금화 99개를 갖고 2번 해적에게 한 개를 준다는 방법을 제시한다면 2번 해적은 아무것도 갖지 못하는 것보다 한 개라도 갖는 것이 낫다는 생각을 할 것이다.

물론 1번 해적이 제시한 방법에 3번 해적이 동의할 리 는 없겠지만 1번 해적과 2번 해적이 동의한 것만으로 과반수가 되므로 상관없다. 그러므로 해적이 세 명일 때 1번 해적은 금화를 99개, 2번 해적은 한 개, 3번 해적은 하나도 갖지 못하게 되므로 1번 해적에게 가장 이득이다.

그럼 다시 해적이 네 명 있을 때를 생각해 보자.

1번 해적은 만약 과반수 이상의 표를 얻지 못하면 2번 해적에게 방법을 제시할 기회가 넘어갈 것이고, 앞에서처럼 2번 해적이 금화 99개, 3번 해적이 한 개, 4번 해적이 한 개도 얻지 못하게 될 것이라는 사실을 잘 인지하고 있다. 1번 해적은 자신의 한 표 외에 두 사람의 표가 더 필요한 상황이다. 만약 2번 해적에게 99개보다 적은 금화를 주겠다고 하면 2번 해적은 분명히 반대표를 던질 것이다. 그러나 자신의 한 표와 2번 해적의 한 표를 얻는다고 해도 3번 해적과 4번 해적이 찬성하지 않을 것이다. 그러면 1번 해적은 2번 해적에게 금화를 주지 않고 3번 해적과 4번 해적에게 찬성표를 얻을 방법을 생각해 볼 수밖에 없다. 만약 3번 해적에게 금화 두 개를 주고 4번 해적에게 금화 한 개를 준다고 하면 두 사람의 찬성표를 얻을 수 있을 것이다. 반대하게 되면 3번 해적과 4번 해적에게 돌아가는 이익이 줄어들기 때문이다.

이렇게 되면 1번 해적은 금화 97개를 갖고, 2번 해적은 한 개도 갖지 못하며, 3번 해적은 두 개, 4번 해적은 한 개를 받게 되므로 1번 해적이 가장 이득인 셈이다.

마지막으로 해적이 다섯 명인 상황을 생각해 보자.

1번 해적은 자신의 방법이 동의를 얻지지 못하면 2번 해적이 금화 97개, 3번 해적이 0개, 4번 해적이 두 개, 5번 해적이 한 개를 받게 된다는 사실을 인지하고 있다. 마찬가지로 1번 해적은 2번 해적을 포기하고 3번 해적에게 금화 한 개를 주고 찬성표를 얻을 수 있다.

이제 1번 해적은 4번 해적과 5번 해적 중 한 사람의 찬성표만 더 얻으면 과반수 이상의 표를 얻게 된다. 1번 해적은 4번 해적에게 금화 세 개를 주거나 5번 해적에게 두 개를 주는 방법 중 하나를 선택할 수 있는데 금화를 가장 많이 갖기 위해서는 5번 해적에게 금화 두 개를 주는 방법을 택해야 한다.

그러므로 해적이 다섯 명 있을 때 1번 해적이 금화를 가장 많이 갖는 방법은 자신이 97개를 갖고 2번 해적과 4번 해적에게는 한 개도 주지 않으며 3번 해적에게 한 개, 5번 해적에게 두 개를 주는 것이다.

이것이 바로 수학의 가설 모델 중 하나인 게임 이론이라는 것이다.

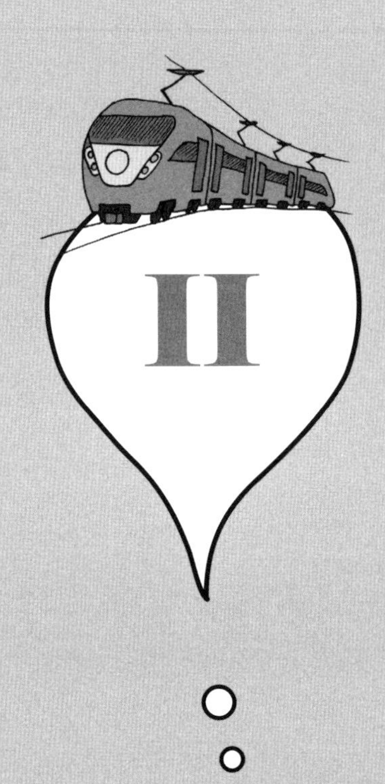

명절날 고속 열차를 타고

열차 운송에 숨겨진 수학

명절에 가족들을 만나러 고향에 내려가 본 경험이 있는가? 설레는 마음을 안고 고향으로 내려가면서 열차와 명절 열차 운송에 숨어 있는 수학 문제에 대해 생각해 본 적이 있는가? 열차의 속도는 얼마나 될까? 열차의 운행 노선은 어떻게 정해질까? 이 장에서는 열차와 관련된 재미있는 수학 문제들을 함께 생각해 보기로 하자.

〈그림 2-1〉 경부 고속 철도 노선

추석 명절에 고속 철도를 타고 서울에서 부산에 있는 할머니를 찾아뵌다고 하자. 고속 철도는 서울에서 출발하여 부산까지 운행하며, 중간에 광명, 천안아산, 대전, 김천(구미), 동대구, 밀양, 구포 모두 일곱 개 역을 지난다. 고속 철도의 열차 시간표는 〈표 2-1〉과 같다.

순서	역	도착 시간	출발 시간
1	서울	기점	13:05
2	광명	13:22	13:23
3	천안아산	13:45	13:46
4	대전	14:09	14:11
5	김천(구미)	14:33	14:34
6	동대구	15:19	15:22
7	밀양	15:37	15:38
8	구포	15:49	15:50
9	부산	16:10	종점

〈표 2-1〉 서울–부산 간 경부 고속 철도 시간표

위의 열차 시간표를 어떻게 하면 수학적으로 표현할 수 있을까? 먼저 〈그림 2-2〉처럼 표시해 보자

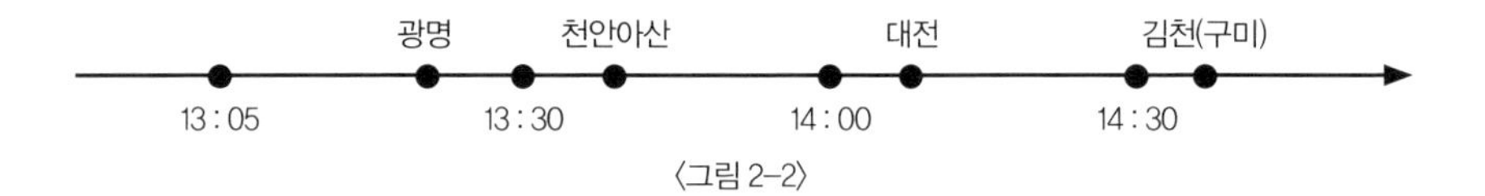

〈그림 2-2〉

이런 식으로 정리하면 열차가 대략 몇 시에 어느 역에 도착하는지 한눈에 알아볼 수 있다. 이 그림을 조금 복잡하게 바꿔 보면 열차가 각 역에서 얼마 동안 머무르는지, 열차가 운행할 때 속도는 얼마인지 등의 정보도 표시할 수 있다. 그 다음 열차역과 시간을 각각 〈그림 2-3〉의 좌표계의 두 좌표축에 놓는다. 여기에서 〈그림 2-3〉과 같이 좌표를 규정하는 방법을 좌표계라 하고, 좌표계에서 화살표와 직선으로 구성된 선을 좌표축이라고 한다. 서로 수직을 이루는 좌표축의 좌표계를 평면 직교 좌표계 또

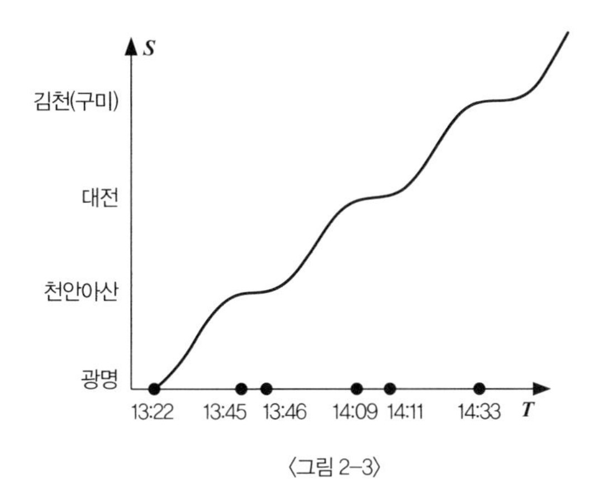

〈그림 2-3〉

는 데카르트 좌표계라고 부른다.

좌표축의 화살표 옆에 표시된 알파벳은 좌표축의 이름이다. S는 '역'을 뜻하는 영어 단어 'Station'의 첫 글자를 따왔고 열차역을 나타낸다. T는 '시간'을 뜻하는 영어 단어 'Time'의 첫 글자를 따왔고 열차 시간을 나타낸다.

이렇게 하면 열차 출발 시간, 도착 시간, 역에 머무르는 시간 등을 하나의 그림에 모두 표시할 수 있다. 그런데 여기에서 중요한 것은 그림에서 열차의 운행 속도를 읽어 내는 것이다. 〈그림 2-4〉에서 보듯, *A*, *B* 사이의 거

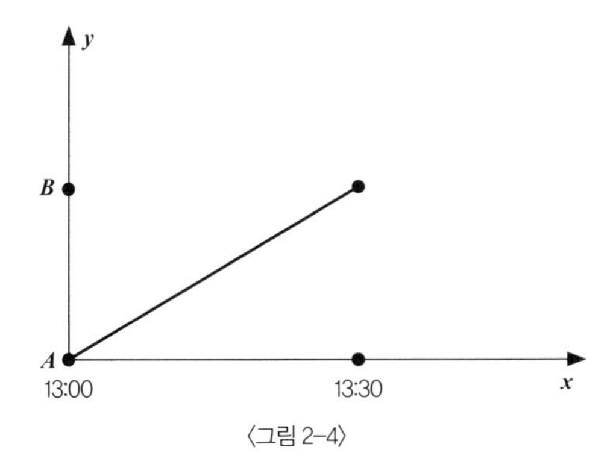

〈그림 2-4〉

리가 5,000m라면 어떤 교통수단을 이용하든 A에서 B까지의 운행 속도는 10,000m/h 또는 10km/h이다. 이를 함수로 표현하면 다음과 같다.

$$y = 10(x-1)$$ ①

위의 식을 다음과 같이 정리해 보자.

$$y = 10x-10$$

$y=10x-10$와 같은 형태의 식을 일차함수라 부르고 $y=kx+b$의 형태로 표시할 수 있다. 이때 k와 b는 $k \in R$ 그리고 $b \in R$를 만족한다. $y=10x-10$식에서는 $k=10$, $b=-10$이다. k는 기울기다. '거리-시간'의 문제에서 기울기는 속도를 의미한다. 속도가 클수록 기울기는 커지고 좌표계의 직선은 더욱 가팔라진다. 흥미로운 점은 〈그림 2-3〉에서 열차가 역을 떠나서 다시 역에 들어가기 전까지의 그림이 직선이 아니라 곡선으로 표시되어 있다는 것이다. 이는 기울기와 선의 가파른 정도에 관계가 있기 때문이다. 앞에서 설명했듯 기울기가 커질수록 직선은 더욱 가팔라진다. 그러므로 그림에서 기울기가 나타내는 것은 속도의 크기이다.

그럼 직선의 기울기는 어떻게 구할까? 〈그림 2-5〉를 보면 A와 B 지점의 위치를 명확히 알 수 있고 이를 통해 x와 y축에 대응하는 위치를 찾을 수 있

---

① 여기에서 x는 시간을 단위로 한 시간을 나타내며, 분을 단위로 할 때에는 $\frac{x}{3.6}$로 바꿔야 한다.

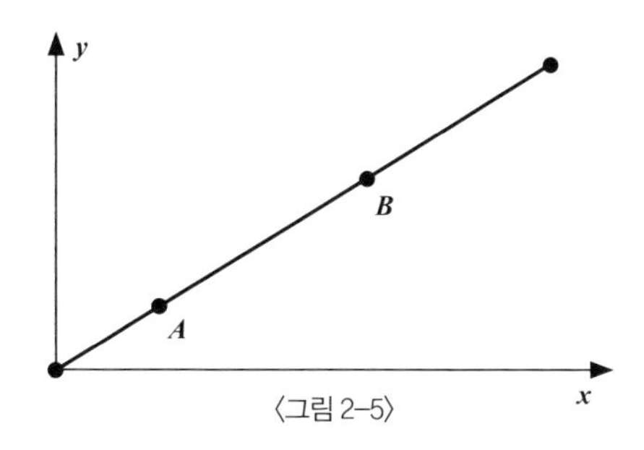

〈그림 2-5〉

다. 이 방법을 통해 찾은 x와 y축의 값을 $y=kx+b$ 식에 대입하면 k와 b의 값을 구할 수 있다. 주의할 점은 A와 B의 가로축 값이 동일할 경우에 $y=kx+b$ 식에 대입하면 k의 값을 구할 수 없다는 것이다. 이럴 때에는 직선의 기울기가 존재하지 않거나 $y=kx+b$를 함수가 아닌 것으로 간주한다.

하지만 함수를 나타내는 식에 대입하면서 어떻게 함수가 아니라고 하는 것일까? 만약 그래프의 직선이 열차의 '거리-시간'을 나타낸다고 했을 때 가로축의 x값은 일치하는데 세로축의 y값이 일치하지 않는 것은 무엇을 의미할까? 이때 그래프의 직선은 가로축과 수직하고 있는 것이다. 기울기가 그 정도로 가파르다면 열차가 엄청나게 빠른 속도로 달리고 있는 것 아니냐고 생각할 수도 있지만 사실은 그렇지 않다. 만약 '거리-시간' 그래프에서 임의로 두 지점을 선택하면 같은 시간에 열차가 서로 다른 지점에 있다는 것을 알 수 있다. 물론 이런 상황은 현실에서는 일어날 수 없다. 현재까지 밝혀진 연구 결과에 따르면, 가장 빠른 속도는 진공 상태에서 빛의 속도이다. 하지만 아무리 진공 상태에서의 빛의 속도라 하더라도 한 열차가 같은 순간에 서로 다른 지점에 있을 수는 없다. 그러므로 이때 기울기는 존재하지 않는다고 하는 것이 맞다.

그러면 어떻게 $y=kx+b$를 함수가 아니라고 할 수 있을까? 이를 설명하기 위해서는 함수의 성질을 이용해야 한다. 한 개의 독립변수가 종속변수에 대응한다는 것은 명확한 사실이다. 또한 한 개의 종속변수는 여러 개의 독립변수에 대응할 수 있다. 하지만 한 직선이 가로축에 수직한다면 이는 한 개의 독립변수가 여러 개의 종속변수에 대응한다는 것을 의미하고, 이는 함수의 성질을 만족하지 못하므로 $y=kx+b$는 함수가 될 수 없는 것이다.

지금까지 그래프 속의 두 지점을 통하여 직선의 기울기를 구하고 열차의 운행 속도를 구할 수 있다는 것을 살펴보았다. 그러나 이것은 어디까지나 열차가 거리 내내 등속 운동을 할 때의 이야기이다. 만약 열차가 변속 운동을 한다면 열차의 순간 속도는 구할 수 없는 것일까?

물론 방법은 있다. 먼저 열차의 운동을 변속 운동과 등속 운동으로 구분해 보자. 등속 운동의 경우 앞의 방법에 따라 열차의 순간 속도를 구할 수 있다. 열차가 등속 운동할 때 열차의 순간 속도는 평균 속도와 동일하기 때문이다. 그러면 이제 남은 것은 열차가 변속 운동할 때의 순간 속도를 구하는 방법이다. 열차의 운동은 연속적이다. 서울에서 출발해 광명으로 가는 열차가 갑자기 구간을 뛰어넘어 대전역에 도착할 수는 없다. 그래서 대부분 물체들의 운

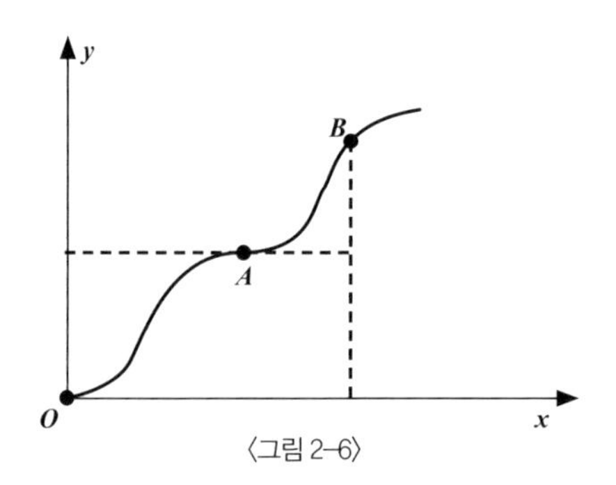

〈그림 2-6〉

동은 '거리-시간' 그래프에서 연속적인 모습을 나타낸다. 그래프가 연속적이어야만 아래의 방법에 따라 임의로 선택한 시간의 순간 속도를 구할 수 있기 때문이다.

〈그림 2-5〉를 보고 그래프에 맞는 함수를 도출해 냈다면 〈그림 2-6〉처럼 불규칙한 곡선 그래프에서도 부합하는 함수식을 구할 수 있을 것이다. 이처럼 곡선 그래프에서 함수식을 구하는 것을 피팅(fitting)이라고 한다. 피팅에 관해서는 제V장에서 자세히 소개하기로 한다. 열차의 순간 속도는 어떻게 구할 수 있을까? 이 과정을 어떤 순간에 열차가 지나간 거리를 구하는 것으로 생각해 보면 어떨까? 물리학자의 말을 빌리면, 아주 짧은 시간 안에는 관찰할 수 있을 만한 속도의 변화가 일어나지 않는다고 한다. 그러므로 짧은 순간 동안에는 열차가 등속 운동을 한다고 생각하면 된다.

이 사실을 알았으니 이제 '짧은 순간'을 다음과 같은 부호로 표기해 보자.

$$\lim_{time \to 0}$$

여기에서 time은 시간을 의미한다. 영어로 표기하는 것이 어색하다면 $\lim_{시간 \to 0}$ 이라고 표기해도 무방하다. 이 부호에서 lim는 극한을 의미하고 $time \to 0$ (시간 → 0)은 시간이 0에 가까워지고 있다는 의미이다. 아주 짧은 순간은 0에 가깝지만 0은 아니기 때문이다. 그래서 수학자들은 아주 비슷하지만 완전히 똑같지는 않은 수량의 개념을 표시하기 위하여 이러한 부호를 만들었다.

위의 내용을 정리해 보면 우선 시간과 열차의 운행 거리 간의 관계(사상)

가 $f(x)$라는 것과 짧은 순간 동안에는 열차가 등속 운동을 한다는 사실을 알 수 있다. 그리고 순간을 기록하기 시작한 시간을 x_0이라 하고 기록을 멈춘 순간을 x라 한다면 '짧은 순간'은 $x \to x_0$이라고 표시할 수 있다. 즉 '짧은 순간'을 $\lim\limits_{time \to 0}$이라고 표현하고 여기에서의 time을 $x-x_0$이라고 표시할 수 있다면 $\lim\limits_{x-x_0 \to 0}$이라고도 표시할 수 있지 않을까? 물론 두 방법 모두 가능하지만 $\lim\limits_{x \to x_0}$[②] 처럼 더욱 간단한 방법으로 표시하는 것이 좋다.

물체가 등속 운동을 할 때, 어떤 지점에서의 순간 속도는 '거리÷시간' 혹은 $\frac{\text{'거리'}}{\text{시간}}$이고 변속 운동을 할 때 어떤 지점에서의 순간 속도는 $\lim\limits_{x \to x_0} \frac{f(x)-f(x_0)}{x-x_0}$이다. 계산을 간편하게 하기 위해 $\lim\limits_{x \to x_0} \frac{f(x)-f(x_0)}{x-x_0}$식을 정리해 보자. 먼저 $x-x_0$을 Δx로 표시하면 $\lim\limits_{x \to x_0}$도 $\lim\limits_{\Delta x \to 0}$으로 표시할 수 있다. 마찬가지로 x를 $x_0+\Delta x$로 표시하면 $f(x) = f(x_0+\Delta x)$가 된다.

즉, $\lim\limits_{x \to x_0} \frac{f(x)-f(x_0)}{x-x_0} = \lim\limits_{\Delta x \to 0} \frac{f(x_0+\Delta x)-f(x_0)}{\Delta x}$이다.

하지만 이렇게 해서는 식이 간소화되지 않으므로 새로운 부호 $f'(x_0)$를 도입해서 정리해 보도록 하자. 그러면 $f'(x_0) = \lim\limits_{\Delta x \to 0} \frac{f(x_0+\Delta x)-f(x_0)}{\Delta x}$이 된다. 이렇게 하면 식이 한결 간소화되며 $f'(x_0)$에 $\Delta x \to 0$라는 내용이 포함되어 있으므로 '어떤 수치가 어디에 가까워지고 있을까'라는 고민을 할 필요 없고 변수 하나가 줄어든다. 여기에서 $f'(x_0)$가 바로 우리가 흔히 말하는 도함수이다.

왜 함수 부호에 ' ′ '을 붙여 도함수를 표시하게 되었는지 재미있는 유래가

---

② 수학에서 두 개의 값이 0에 가까워지고 있다면 두 개의 값이 매우 가깝다고 간주하고 하나의 숫자(변수)가 또 다른 숫자(변수)에 가까워지고 있다는 형식으로 표시할 수 있다.

있다. 미적분은 뉴턴과 라이프니츠[3]가 창립한 수학의 한 지류이다. 뉴턴은 처음에 $\dot{f}$와 같이 위에 점을 찍는 방식으로 도함수를 표시했으나 사람들은 이러한 방식이 불편하고 눈에 잘 띄지 않는다고 생각하였다. 오늘날 우리가 사용하는 대부분의 미적분 기호는 라이프니츠가 발명한 것들인데 그가 발명한 도함수 기호 역시 '′'이 아니라 $\frac{dy}{dx}$였다. 이러한 표시를 여러 문헌 속에서도 발견할 수 있다. 또 1706년 전 확률의 역사에 큰 공헌을 한 니콜라스 베르누이Nicolaus Bernoulli 같은 수학자들은 알파벳 대문자 D로 도함수를 표시하기도 하였다. 그러나 이 방법도 사용하기에 불편하다는 지적을 받기는 마찬가지였다. 그러던 1797년에 라그랑주Joseph Louis Lagrange는 라이프니츠가 발명한 도함수 기호가 어떤 함수가 도함수 연산에 들어가는지 구분하기 어렵다고 지적하며 함수 기호에 '′' 기호를 추가해 도함수를 표시하기 시작하였고 이 기호는 오늘날까지 사용되고 있다.

다시 본론으로 돌아오면 열차와 기점 간의 거리를 $f(x)$라고 한다면 이 열차의 어떤 지점에서의 순간 속도는 $f'(x)$이다.

고속 열차에서 발견한 대칭

그림 〈2-7〉은 고속 열차의 모습을 담은 그림이다. 열차 정면 그림의 가운

---

③ 라이프니츠(Gottfried Wilhelm Leibniz, 1646~1716). 독일의 철학자, 수학자로 역사적으로 보기 드문 천재였고, 17세기의 아리스토텔레스라 불린다. 뉴턴과 함께 미적분을 발명했고 그가 발명한 기호는 오늘날까지도 광범위하게 사용되고 있다.

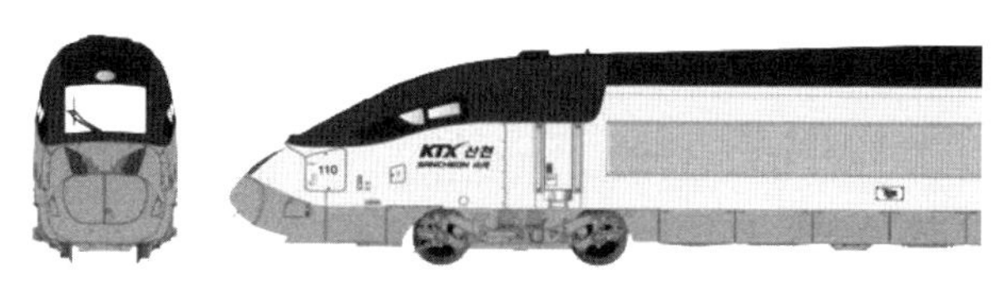

〈그림 2-7〉 KTX © KOREA RAILROAD

데를 접으면 좌우 양쪽이 서로 겹치게 된다. 이렇게 하나의 직선을 따라 접었을 때 양쪽이 서로 겹치는 도형을 선대칭 도형이라 부르고 중심이 되는 직선을 대칭축이라 부른다.

정사각형, 직사각형, 원형, 타원형 모두 선대칭 도형이다. 이들은 모두 최소 한 개의 대칭축이 있으며 원형의 경우 대칭축이 무한개이다.

〈그림 2-8〉의 도형은 마름모로 그림에 표시된 것처럼 두 개의 대칭축이 있다. 마름모를 180° 회전하면 회전한 후와 회전하기 전의 모양이 완전히 겹치는데 이를 점대칭 도형이라 한다. 점대칭 도형의 대칭점 연결선은 모두 대칭의 중심을 지나고 대칭의 중심에 의해 균등하게 나뉜다.

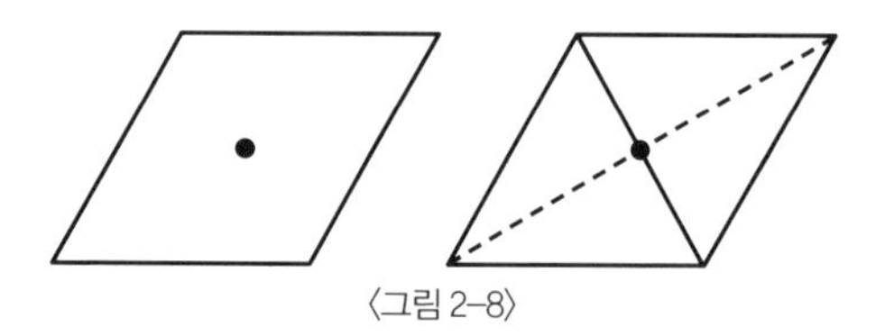

〈그림 2-8〉

앞에서 언급했듯 함수는 그래프로 나타낼 수 있다.

그렇다면 함수의 그래프에도 대칭 혹은 반전의 성질이 있을까? 물론 있다. 예를 들어, $y = x^2$과 $y = x^3$의 함수 그래프는 〈그림 2-9〉에서 보듯이 모두 대칭을 이루고 있다. $y = x^2$의 함수 그래프처럼 그래프가 y축에 대칭인 함수를 우함수라고 하고, $y = x^3$의 함수 그래프처럼 좌표의 원점에 대하여 대칭인 함수를 기함수라고 한다. 이러한 대칭의 성질은 복잡한 계산식을 간소화할 때에도 자주 사용된다.

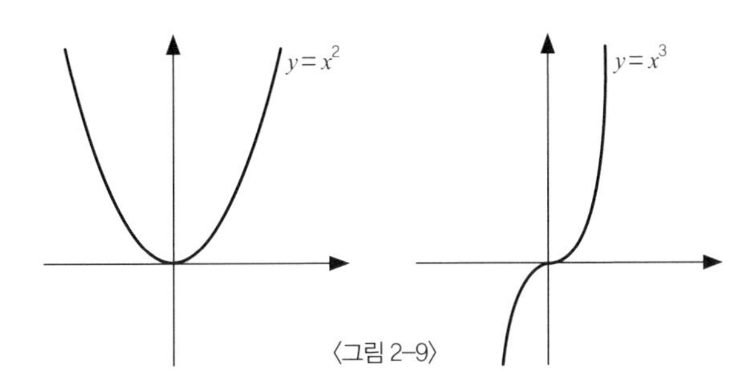

〈그림 2-9〉

자세히 관찰해 보면 함수의 가로축(x축)에서 마이너스 부분의 일부 그래프와 플러스 부분의 일부 그래프는 다음과 같은 관계가 있다. ($x > 0$ 라 가정)

우함수: $f(-x) = f(x)$　　　　기함수: $f(-x) = -f(x)$

다시 말해 만약 어떤 함수 그래프가 y축에 대하여 대칭이면 $f(-x) = f(x)$를 이용하여 표시하고, 마찬가지로 어떤 함수 그래프가 원점에 대하여 대칭이면 $f(-x) = -f(x)$를 이용해 표시하면 된다.

핵심적 역할을 하는 두 가지 극한 1

수열[4]은 규칙이 있는 일련의 수를 의미하며 수열의 모든 숫자는 해당 수열의 항이라 부른다. 만약 어떤 수열의 모든 항을 나열할 수 있다면 유한수열이라 부르고 반대로 어떤 수열의 모든 항을 나열할 수 없을 때에는 무한수열이라 부른다.

고등 수학 교재에서는 수열을 독립변수가 정수 n인 함수의 개념으로 간주하기도 한다. 여기에서는 무한수열의 극한에 대해 논의하며 무한수열이 계속 이어져 나가면 결국 어떻게 되는지 알아보기로 하자.

1644년 이탈리아의 수학자인 멩골리Pietro Mengoli는 무한급수가 수렴하는 값을 구하는 문제를 처음으로 제시하였다. 그리고 이 문제는 1735년 오일러Leonhard Euler가 증명해 냈다.

수학자들은 이 유명한 난제(難題)를 오일러의 고향인 스위스의 도시 '바젤(Basel)'의 이름을 따라 바젤 문제(Basel problem)라고 부른다. 이 문제를 증명했을 때 오일러는 겨우 28세였다.

바젤 문제는 완전제곱수의 역수의 합을 구하는 것이다. 즉, 첫 번째 항이 1이고 그 다음 항들은 해당 항의 제곱의 역수로 즉 n항은 $\frac{1}{n^2}$이다. 그럼 n이 한없이 커질 때 S_n은 얼마일까? 한 번 직접 계산해 보도록 하자.

---

④ 중학교 과정에서는 오직 정수만 수열의 항이 될 수 있다고 명시되어 있지만 고등학교 과정에서는 더 이상 정수에만 국한되지 않는다. 고등학교 이상 수학 교재에 나오는 수열의 개념은 어떤 규칙에 따라 모든 $n \in Z$이 실수 x_n과 대응한다면 아래 첨자 n을 작은 수부터 나열한 것을 의미한다. 일부 교재에서는 수열을 $\{x_n\}$로 표시한다.

$$S_1 = 1$$

$$S_2 = 1 + \frac{1}{4} = 1.25$$

$$S_3 = 1 + \frac{1}{4} + \frac{1}{9} + \approx 1.361$$

$$S_4 = 1 + \frac{1}{4} + \frac{1}{9} + \frac{1}{16} \approx 1.42361$$

$$S_5 = 1 + \frac{1}{4} + \frac{1}{9} + \frac{1}{16} + \frac{1}{25} \approx 1.46361$$

$$\vdots$$

이렇게 계속 계산해 나가다 보면 계산 결과는 점점 1.644934……에 가까워지며 $\frac{\pi^2}{6}$이라는 사실을 발견할 수 있다.

아마 $1 + \frac{1}{4} + \frac{1}{9} + \frac{1}{16} + \frac{1}{25} + \cdots + \frac{1}{n^2}$과 원주율 π가 관련이 있을 것이라고는 예상하지 못했을 것이다. 이것이 바로 수학의 흥미로운 점이다. 그리고 이러한 재미있는 현상이 바로 바젤 문제의 답안이기도 하다. 전혀 예상치 못한 바젤 문제의 결론을 두고 어떤 사람은 '수학의 10대 반직관적 결론'이라고 말하기도 하였다.

$\left\{\left(1+\frac{1}{n}\right)^n\right\}$은 모든 항을 다 나열할 수 없기 때문에 무한수열에 속한다. 다시 말해 $n \in Z$을 만족하는 모든 $\left(1+\frac{1}{n}\right)^n$은 모두 합리적인 것이다. 이 수열의 첫 항 a_1의 값은 2이고 기타 각 항의 값은 다음과 같다.

$$a_1 = \left(1 + \frac{1}{1}\right)^1 = 2$$

$$a_2 = \left(1 + \frac{1}{2}\right)^2 = 2.25$$

$$a_3 = \left(1 + \frac{1}{3}\right)^3 = 2.37$$

$$a_4 = \left(1 + \frac{1}{4}\right)^4 = 2.44$$

$$a_5 = \left(1 + \frac{1}{5}\right)^5 = 2.48832$$

$$\vdots$$

계속 계산해 나간다면 항의 값은 다음과 같을 것이다.

2.7182818284590452353602874713526624977572470936999595749669676277240766303535475945713821785251664274……

그러면 $n \to \infty$일 때 항의 값은 얼마일까? 뉴턴은 이를 간단하게 계산할 수 있는 방법을 발견했는데, 이것이 뉴턴의 이항 정리이다.

$$a_n = \left(1 + \frac{1}{n}\right)^n$$

$$= 1 + \frac{n}{1!} \cdot \frac{1}{n} + \frac{n(n-1)}{2!} \cdot \frac{1}{n^2} + \cdots + \frac{n(n-1)\cdots(n-n+1)}{n!} ⑤ \cdot \frac{1}{n^n}$$

$$= 1 + 1 + \frac{1}{2!}\left(1 - \frac{1}{n}\right) + \cdots + \frac{1}{n!}\left(1 - \frac{1}{n}\right)\left(1 - \frac{2}{n}\right)\cdots\left(1 - \frac{n-1}{n}\right)$$

⑤ $n!$은 $1 \times 2 \times 3 \times \cdots \times n$을 의미한다.

또 어떤 학자들은 다음처럼 정리하기도 한다.

$$1+1+\frac{1}{2!}\left(1-\frac{1}{n}\right)+\cdots+\frac{1}{n!}\left(1-\frac{1}{n}\right)\left(1-\frac{2}{n}\right)\cdots\left(1-\frac{n-1}{n}\right)$$

$$=\frac{1}{0!}+\frac{1}{1!}+\frac{1}{2!}+\cdots+\frac{1}{n!}$$ [⑥]

그 이유는 다음과 같다.

$1+1+\frac{1}{2!}\left(1-\frac{1}{n}\right)+\cdots+\frac{1}{n!}\left(1-\frac{1}{n}\right)\left(1-\frac{2}{n}\right)\cdots\left(1-\frac{n-1}{n}\right)$과 $\frac{1}{0!}+\frac{1}{1!}+\frac{1}{2!}+\cdots+\frac{1}{n!}$을 모두 자연상수 e의 값으로 보기 때문이다. 그러나 필자의 생각은 다음과 같다.

$$1+1+\frac{1}{2!}\left(1-\frac{1}{n}\right)+\cdots+\frac{1}{n!}\left(1-\frac{1}{n}\right)\left(1-\frac{2}{n}\right)\cdots\left(1-\frac{n-1}{n}\right)<\frac{1}{0!}+\frac{1}{1!}+\frac{1}{2!}+\cdots+\frac{1}{n!}$$

n이 정수일 때 $\frac{1}{2!}\left(1-\frac{1}{n}\right)<\frac{1}{2!}$이고 마찬가지로 $\frac{1}{3!}\left(1-\frac{1}{n}\right)\left(1-\frac{2}{n}\right)<\frac{1}{3!}\cdots$이다. 다시 말해 $\frac{1}{n!}\left(1-\frac{1}{n}\right)\left(1-\frac{2}{n}\right)\cdots\left(1-\frac{n-1}{n}\right)<\frac{1}{n!}$ 이고 n은 정수일 때에도 성립한다.

n이 무한대일 때 $1+1+\frac{1}{2!}\left(1-\frac{1}{n}\right)+\cdots+\frac{1}{n!}\left(1-\frac{1}{n}\right)\left(1-\frac{2}{n}\right)\cdots\left(1-\frac{n-1}{n}\right)$의 구체적인 값을 구할 수 없으므로 알파벳 e로 이 상수를 표시한다.

상수 e는 자연상수 또는 오일러의 수라고 부른다. 왜 알파벳 e를 사용했

⑥ 0! = 1이라고 약속한다.

는지에 관해서는 의견이 분분한데 그중에는 로그 계산법을 도입한 스코틀랜드의 수학자 존 네이피어John Napie가 발견하였다는 주장도 있다. 또 '지수'라는 뜻의 영어 'exponential'의 첫 자에서 따왔다는 주장도 있다. 한편, 존 네이피어가 1618년 발간한 로그 계산법에 관한 책의 부록 속에는 자연 로그표가 수록되어 있는데, 사실 이 표는 윌리엄 오트레드William Oughtred[⑦]에 의하여 제작된 것이다.

무한소의 비교

중요한 극한 문제를 소개하기 전에 먼저 무한소(無限小)의 개념을 알아보자. 앞에서 설명했던 극한의 개념에 따라 $x \to 0$일 때 x, x^3, $\sin x$ 등의 함숫값은 모두 무한소이다. 무한소는 무한대(∞)와 상반된 개념은 아니지만 일부에서는 무한대의 반대를 무한소라 정의하기도 한다. 이러한 정의의 근거는 $\lim_{x \to \infty} \frac{1}{x} = 0$이다. 그러나 이러한 정의에 대한 반대 사례는 쉽게 찾을 수 있다.

만약 변수를 하나 설정해 놓고 이 변수의 크기가 무한대라고 하자. 그러면 임의의 수를 제곱한 것은 원래 자신의 수가 될 수 없을 것이다. 만약 $x^2 = \infty$일 때에는 $x = x^2$이라고 유추할 수 있다. 그런데 $x = x^2$이 성립하려면 x는 1 혹

---

⑦ 윌리엄 오트레드(William Oughtred, 1574~1660). 영국의 수학자로 곱하기 기호(×)와 같은 새로운 수학 기호를 다수 발명하여 수학 기호의 발전에 큰 공헌을 하였다. 대표적인 저서로 〈수학의 열쇠(1631년)〉를 출간하였으며, 그의 연구는 유럽의 수학 역사에 크게 이바지했고 뉴턴도 오트레드를 높이 평가하였다.

은 0이어야 한다. 하지만 1과 0 모두 무한대가 아니다. 그러므로 이전의 정의는 성립하지 않는다. 여기에서 x와 x^2은 모두 무한대지만 같지 않다는 사실을 발견할 수 있다. 이와 같은 상황은 무한소에서도 나타난다.

앞에서 설명한 것처럼 $x \to 0$일 때 x, x^3, $\sin x$ 등 함숫값은 무한소가 된다. 그런데 무한대에서처럼 두 개의 변수가 동일하지 않은 상황이 무한소에서도 나타난다. 두 개의 무한소가 동일하지 않다면 두 개의 무한소에 크기가 있을까? 다시 말하자면 두 개의 무한소 크기를 비교할 수 있을까[8]?

$x \to 0$일 때 x, x^3, $\sin x$를 각각 $\lim_{x\to 0} x$, $\lim_{x\to 0} x^3$, $\lim_{x\to 0} \sin x$로 표시해 보자.

두 개의 수치를 비교할 때 자주 사용하는 방법은 비교하는 두 수를 서로 빼거나 나누는 것이다. 여기에서는 두 개의 수를 나누는 방법을 사용할 것이다. $\lim_{x\to 0} x$와 $\lim_{x\to 0} x^3$을 비교해 보자. $\lim_{x\to 0} x$와 $\lim_{x\to 0} x^3$을 비교하려면 두 개의 수를 나누면 된다.

$$\lim_{x\to 0} \frac{x}{x^3} = \lim_{x\to 0} \frac{\cancel{x}}{\cancel{x^3}} = \lim_{x\to 0} \frac{1}{x^2} = \infty$$

위의 내용을 정리해 보면 $\lim_{x\to 0} x$는 $\lim_{x\to 0} x^3$의 하위 무한소이다.

두 개 이상의 무한소 크기를 비교하는 방법을 정리해 보면 다음과 같다.

---

8 여기에서 무한소는 크기를 비교할 수 있다. 수학에는 허수처럼 서로 동일한지의 여부만 파악할 수 있고 크기를 비교할 수 없는 경우도 있다. 이 책에서는 미적분을 주로 다루므로 자세한 설명은 생략한다.

$\lim\frac{\beta}{\alpha}=0$일 때 β는 α의 상위 무한소이다.

$\lim\frac{\beta}{\alpha}=\infty$일 때 β는 α의 하위 무한소이다.

$\lim\frac{\beta}{\alpha}=0$이 아닌 상수일 때 β는 α의 동위 무한소이다.

$\lim\frac{\beta}{\alpha}=1$일 때 β는 α의 동위 무한소이다.

핵심적 역할을 하는 두 가지 극한 ❷

위의 예를 따라 $\lim_{x\to0}x$와 $\lim_{x\to0}\sin x$의 크기를 비교해 보자.

엄밀하지는 않지만 이해하기 쉽다는 설이 있다. 함수 $y=\sin x$와 $y=x$는 0 근방에서 매우 가깝기 때문에 같은 크기의 무한소이며, $\lim_{x\to0}\frac{\sin x}{x}=1$이라고도 쓸 수 있다. 그러나 $y=\sin x$와 $y=x$가 0 근방에서 매우 가깝다는 것은 테일러 전개를 이용한 근사식을 가지고 설명해야 하므로 여기에서는 생략하기로 하자.

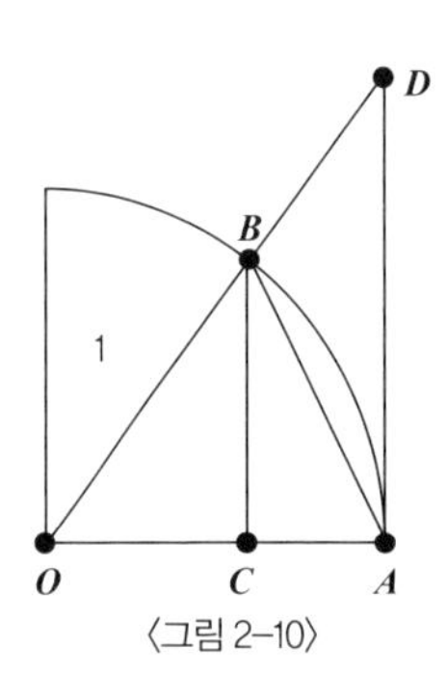

〈그림 2-10〉

비교적 완전한 증명 과정을 보고 싶다면 〈그림 2-10〉을 참고하면 된다. 그림에서 $\angle BOA$는 90° 보다 작다. 일반적으로 90°와 같이 표시하는 방법을 60분법이라 부른다. 즉, 60분법은 원주를

---

⑨ 여기에서 언급되는 호도법에서 90°는 $\frac{\pi}{2}$로 나타낸다. 그 밖에도 180° 혹은 360°도 공식에 자주 등장하므로 호도법을 이용하여 π 혹은 2π라고 표시하면 편리하다.

360개로 균등하게 나눠 하나를 1°라고 부르는 것이다. 그런데 60분법에서는 원과 관련된 공식과 연관성을 찾기 어렵다. 그래서 호도법⑨이 탄생하였다. 호도법은 각의 꼭짓점을 원의 중심으로 하여 반지름이 1인 원을 그리고 각에 대응하는 호의 길이로 각의 크기를 나타내는 단위법이다.

그림에서는 $S_{\Delta AOB} < S_{부채꼴AOB} < S_{\Delta AOD}$가 성립한다. 여기에서 S는 도형의 넓이를 의미한다. 계산⑩방법에 따라 $S_{\Delta AOB}$는 $\frac{\sin x}{2}$로 표시할 수 있다. 마찬가지로 $\frac{x}{2}$와 $\frac{\tan x}{2}$ 역시 $S_{부채꼴AOB}$와 $S_{\Delta AOD}$로 표시할 수 있다.

그러므로 $S_{\Delta AOB} < S_{부채꼴AOB} < S_{\Delta AOD}$를 $\frac{\sin x}{2} < \frac{x}{2} < \frac{\tan x}{2}$라고 쓸 수 있다. 여기에서 분모를 제거하면 식은 다음과 같이 변한다.

$$\sin x < x < \tan x$$

이 부등식의 각 항을 $\sin x$로 나누면 다음과 같다.

$$1 < \frac{x}{\sin x} < \frac{1}{\cos x}$$

이를 정리하면 다음과 같다.

$$\cos x < \frac{\sin x}{x} < 1$$

---

⑩ 삼각함수의 계산에 관한 사전지식이 필요하다.

어떻게 이와 같은 식으로 정리할 수 있는지 의아해할 수 있을 것이다. 간단히 설명해 보면, $\cos x$가 $\frac{1}{\cos x}$이라고 쓰는 것보다 보기 좋기 때문이다. 하지만 이러한 설명은 전문적이지 않고 설득력도 떨어진다. 이를 제대로 설명하면, $\cos x$와 $\frac{\sin x}{x}$가 모두 우함수이기 때문에 x값이 양수인지 음수인지 고려하지 않아도 되므로 조금 더 보기 좋은 식으로 나타낸 것이다. $\cos x$의 함수 그래프에 따르면 $\lim_{x\to0}\cos x = 1$이라는 사실을 알 수 있다. $x\to0$일 때 $\frac{\sin x}{x}$가 취할 수 있는 값의 범위는 $\cos x$에서 1까지이다. 즉, $\lim_{x\to0}\frac{\sin x}{x} = 1$이라고 할 수 있으며, 이것이 바로 우리가 살펴보기로 한 또 하나의 중요한 극한이다. 〈그림 2-11〉 즉 $f(x) = \frac{\sin x}{x}$의 그래프를 관찰하면 이 점을 이해할 수 있다.

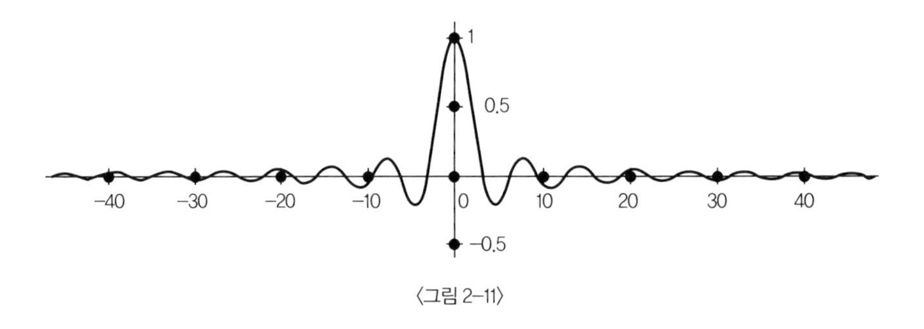

〈그림 2-11〉

함수 그래프만 보고도 이해할 수 있는데 왜 굳이 복잡한 증명 과정을 거쳤을까? 그것은 이러한 이론들이 나왔을 무렵에는 계산기도 없고 함수 그래프를 자동으로 그려 주는 소프트웨어도 없었기 때문이다. 만약 함수 그래프의 도움 없이 증명하는 방법을 알고 싶다면 $\lim_{x\to0}\cos x = 1$을 증명하면 된다. 관련 내용은 III장에서 다시 설명하도록 하겠다.

극한이 왜 중요한가

이제 핵심적인 역할을 하는 극한의 중요성을 살펴볼 차례이다. 수학 시간에 풀었던 극한 문제들은 대부분 이 중요한 극한 공식을 알아보기 위한 것들이다. 일본의 유명한 수학자 요네야마 구니조米山國藏[11]는 이렇게 말하였다. "지식으로서의 수학은 학교를 졸업하고 몇 년이 지나면 모두 사라진다. 그러나 수학의 정수와 수학적 사고방식만은 오래도록 머릿속에 남아 있다."

두 개의 중요한 극한은 미적분에도 중요한 문제일 뿐만 아니라 극한 이론을 심도 있게 이해하기 위해서 꼭 필요한 것이다.

심화 문제

한 변의 길이가 1인 삼각형이 있다. 이 삼각형의 한 변의 길이를 삼등분하고 두 개의 등분점에서 바깥쪽으로 한 변이 $\frac{1}{3}$인 삼각형을 그리면 육각형이 된다. 그리고 이 육각형을 앞에서처럼 삼등분해서 삼각형을 그려 나가면 〈그림 2-12〉와 같이 된다. 이렇게 삼등분 작업을 계속 반복하면 도형 안의 넓이는 어떻게 변할까? 이러한 변화는 언제 멈추게 될까? 만약 멈춘다면 도형은 어떤 모양이 되어 있을까? 또 삼등분 작업을 멈추지 않고 계속한다면 도형은 어떤 모양으로 변할까?

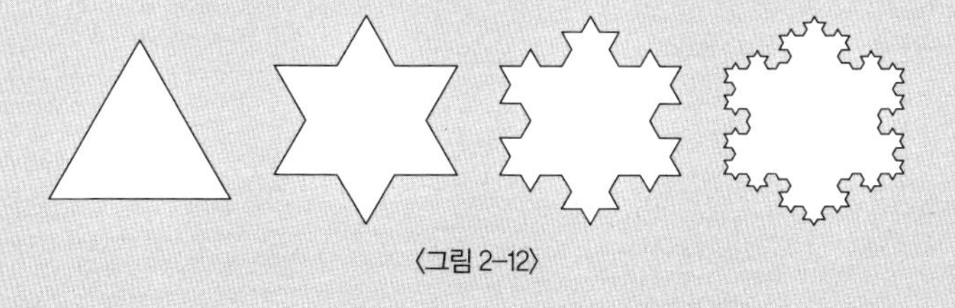

〈그림 2-12〉

---

⑪ 요네야마 구니조(米山國藏 1877~1968). 일본의 수학자, 교육자. 저서로 〈수학의 정신, 사상 그리고 방법〉이 있다.

이쯤 되면 여러분도 고등 수학을 이해한다고 말할 수 있다. 대단한 수학자들만 풀 수 있을 거라 생각했던 문제들이 사실은 이처럼 쉽고 간단하다는 사실을 깨달았을 것이다.

앞에서 도함수의 표시 방법에 대하여 설명했는데 그중 가장 많이 사용되는 것은 라그랑주Lagrange[⑫]의 방법이다. 함수를 미분하여 얻은 도함수를 다시 미분해야 하는 경우가 있는데, 이것이 바로 2계 도함수이다. 라그랑주는 함수 표시 위에 ' ' '을 두 개 표시해서 2계 도함수를 나타내는 방법을 생각해 냈다. 그러나 2계 도함수뿐만 아니라 3계 도함수, 4계 도함수, 5계 도함수, 6계 도함수 심지어 십 몇 계 도함수도 있다. 수백 혹은 수천 계 도함수를 라그랑주의 방법대로 표시하고자 한다면 몇십 분 심지어 한 시간도 넘게 걸릴 것이다. 그래서 라그랑주의 방법을 간소화한 새로운 방법이 생겨나게 되었다.

그것은 함수 표시 위에 작은 괄호를 열어 숫자를 써넣는 방법으로서, 괄호 안의 숫자가 바로 몇 번째 단계의 도함수인지를 나타낸다. 예를 들어, $f(x)$의 5계 도함수라면 $f^{(5)}(x)$라고 표시하는 것이다.

〈그림 2-13〉은 미적분을 발명한 라이프니츠이다. 라이프니츠는 생전에 수많은 서적과 편지, 발표되지 않은 원고를 통해서 자신의 업적을 남겼는데, 이들 중 절반 정도는 라틴어로 쓰고 나머지는 프랑스어와 독일어로

---

⑫ 조제프 루이 라그랑주(Joseph Louis Lagrange). 프랑스의 유명한 수학자이자 물리학자(1736~1813). 해석학, 정수론, 고전역학과 천체역학 전반에 걸쳐 중대한 기여를 했다. 특히 물리학 분야에서 기존의 고전 역학을 일반화된 새로운 수학적 방식으로 표현한 해석 역학은 이론 물리학의 새로운 지평을 열었다. 특히 수학에서 뛰어난 업적을 남겼다는데, 그중 가장 큰 업적은 라그랑주의 평균값 정리이다.

썼다. 2010년까지도 라이프니츠의 업적들은 다 수집되지 않은 상태였다. 2007년에는 작센 주립 도서관에서 소장하고 있던 라이프니츠의 원고가 유네스코 세계유산 항목으로 지정되기도 하였다. 라이프니츠는 이진법[13]을 '세계에서 가장 보편적이고 완벽한 논리'라고 말하였다. 오늘날 독일 튀링겐의 고타Gotha 왕궁 도서관에는 '1과 0, 모든 숫자의 신기한 기원'이라는 제목의 라이프니츠의 수기 원고가 소장되어 있다.

〈그림 2-13〉 라이프니츠

라이프니츠의 가장 큰 업적은 간단명료한 미적분 기호들을 발명한 것이다. 그런데 라이프니츠가 발명한 기호로 도함수를 표시하지 않고 라그랑주의 기호를 사용하는 이유는 무엇 때문일까? 사실 라이프니츠가 발명한 기호 체계는 물리학과 의학 등 여러 분야에서 광범위하게 응용된다(이 책의 X장에서 라이프니츠의 기호가 의학 분야에서 어떻게 응용되는지 살펴볼 것이다.). 라이프니츠의 기호가 오늘날까지 전해질 수 있었던 이유는, 그 기호가 구하려는 도함수의 단계와 미분의 변수를 가장 간단명료하게 표시하고, 도함수가 실제로는 극한을 구하는 것이라는 사실을 명확히 보여 주기 때문이다.

---

⑬ 이진법은 계산 기술 중 광범위하게 사용되는 수법이다. 이진법의 데이터는 0과 1 두 개의 숫자로 표시하는 수이다. 기본 단위는 2이고, 1이 두 개 만나면 2로 윗자리로 올라가는 식이다. 현재 우리가 사용하는 컴퓨터는 이진법 시스템을 사용하며 모든 데이터는 보수(補數) 부호로 저장된다.

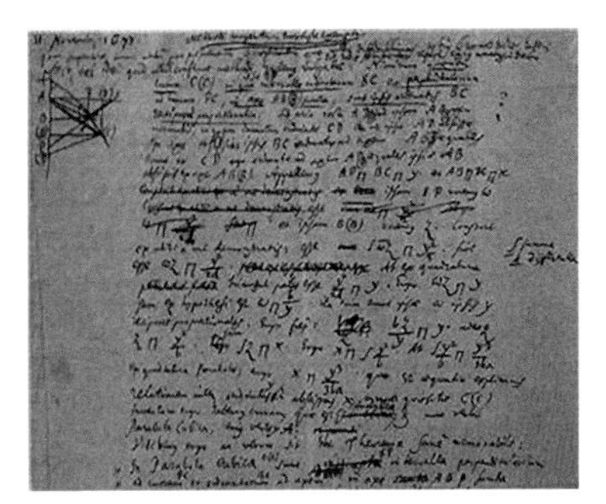

〈그림 2-14〉 라이프니츠의 자필 원고 © ECHO - 문화 유산 온라인

〈그림 2-14〉는 라이프니츠의 자필 원고이다. 이 원고에서 그가 직접 발명한 미적분 기호들을 볼 수 있다. 예를 들어 I장에서 다루었던 다변수 함수를 미분할 때 미분에 참여하는 것이 x_1인지 x_2인지 알아야 한다. 설령 모든 독립변수를 미분⑭하려 한다 해도 순서를 알아야 한다. 이럴 때에는 라그랑주의 방법이 아닌 라이프니츠의 표시 방법을 사용한다. 만약 x, y좌표가 모두 극한으로 간다면 도함수가 표시하는 것은 아주 작은 직선 구간일 것이다. 도함수의 값은 이 직선 구간의 수직 간격과 수평 간격의 비율로서, 이는 일차함수 $y = kx + b$의 기울기 k를 구하는 것과 같다. 그래서 도함수를 곡선 위의 점의 기울기라고 하기도 한다. 만약 곡선 위의 어느 지점에 기울기가 존재하지 않는다면 도함수가 존재하지 않는 것으로 본다. 도함수의 표시 방법을 통해서 보았듯이 도함수의 집합적 의미인 기울기는 라이프니츠의 도함수 표시 방법의 또 다른 장점이다.

---

⑭ 다변수함수의 미분은 편도함수를 구하는 것을 의미한다. 편도함수를 구할 때에는 영어 알파벳 d 대신 그리스 문자 ∂로 표시한다. 이 책에는 편도함수에 관한 내용이 많지 않으므로 자세한 설명은 생략한다.

작은 섬에 몇 명의 마녀와 한 명의 공주가 함께 살고 있다. 어떤 마녀든 공주를 잡아먹는 사람은 공주가 될 수 있다. 대신 그 마녀는 마법의 능력을 잃어 다른 마녀에게 잡아먹힐 수 있다. 만약 모든 마녀가 자신의 목숨을 보전하면서 공주가 되고 싶어 한다면 20명의 마녀가 있는 섬에서 공주는 안전하게 살 수 있을까?

1장에서 해적에 관한 문제를 풀어 나갈 때처럼 먼저 간단한 모형을 만든 다음 점점 내용을 확장해 가며 생각해 보기로 하자.

만약 섬에 마녀 한 명과 공주 한 명만 살고 있다면 마녀는 분명 공주를 잡아먹을 것이다. 공주를 잡아먹고 공주가 되어도 자신의 목숨을 위협할 또 다른 마녀가 없기 때문이다. 만약 섬에 마녀 두 명과 공주 한 명이 살고 있다면 공주는 안전할까? 정답부터 이야기하자면 공주는 안전하다.

둘 중 한 명의 마녀가 먼저 공주를 잡아먹고 공주가 된다면 다시 마녀와 공주가 한 명씩 남게 되고 먼저 공주가 된 마녀는 또 다른 마녀에게 잡아먹히게 된다. 그러므로 마녀들은 자신의 목숨을 보전하기 위해 감히 공주를 잡아먹지 못할 것이다. 그럼 이제 조금 더 복잡한 상황을 생각해 보자. 만약 마녀가 세 명이라고 하면 이들 중 한 명은 먼저 공주를 잡아먹을 것이다. 이렇게 되면 다시 마녀가 둘, 공주가 하나인 상황이 되므로 아무도 공주를 잡아먹지 못한다.

이제 마녀가 네 명일 때를 생각해 보자. 만약 누군가 공주를 잡아먹는다면 마녀는 세 명이 되고 그럼 공주가 된 마녀는 또 다른 마녀에게 잡아먹히게 될 것이므로 아무도 공주를 잡아먹지 못한다. 정리해 보면 마녀의 수가 홀수일 때 공주는 마녀들 중 한 명에게 잡아먹히게 된다. 그러나 마녀의 수가 짝수일 때 마녀들은 자신의 목숨을 보전하기 위해 공주를 잡아먹지 않을 것이므로 공주는 안전하다. 즉, 마녀의 수가 짝수일 때 공주는 섬에서 안전하게 살 수 있다. 그러므로 20명의 마녀가 살고 있는 섬에서 공주는 안전하게 살 수 있다.

만두용 밀가루 반죽의 적당한 크기

수학 모형

II장까지 공부했다면 이제 미적분을 이해할 수 있다고 당당하게 말할 수 있을 것이다. 또한 움직이는 물체의 순간 속도 혹은 어떤 도형의 한 지점에서의 기울기가 '도함수'라는 사실도 알게 되었다. 따라서 우리 일상생활 속에 숨어 있는 수학 모형들을 찾아 도함수에 관한 내용을 좀 더 심도 있게 논의해 보겠다. 이번 장에서는 주방으로 가서 밀가루 반죽의 크기를 계산해 보려고 한다. 밀가루 반죽을 만들 때 밀가루와 물을 얼마의 비율로 넣어야 할지 헷갈린다면 이 장을 살펴보도록 하자. 그러면 수학적 사고를 통하여 밀가루 반죽을 만드는 과정 속에 숨어 있는 과학의 비밀을 파헤쳐 보기로 하자.

우리는 지금까지 일상생활 속에서 발견한 문제를 가설을 통하여 추리하고 계산하는 방식으로 풀어 왔다. 이러한 방식으로 문제를 해결하면서 함수와 극한의 개념을 이해할 수 있었다. 그러나 더 설득력 있는 결론을 얻으려면 일상생활 속의 수학 문제를 수학 모형으로 만들 수 있어야 한다.

수학 모형은 영화 촬영에 사용하는 축소 모형과 비슷한 점이 많다. 예를 들어 사극을 찍을 때 실제 궁궐을 배경으로 촬영하기도 하지만 가짜 궁궐 세트를 만들어 촬영하게 된다. 궁궐은 모조품이지만 시각적인 효과에서 별 차이가 없으므로 촬영하는 데에는 아무런 문제가 없다. 또 위험한 장면을 촬영할 때에는 실제 배우 대신 스턴트 배우를 대역으로 쓰기도 하고, 지진이나 해일 같은 재난 장면을 촬영할 때에는 축소 모형이나 컴퓨터 그래픽으로 실제 같은 장면을 연출한다.

과학 연구를 할 때에도 실제 사물을 가지고 연구를 진행할 수 없는 경우가 있다. 예를 들어 진화론[1]을 연구할 때 지구상의 모든 생물을 단세포 형태로 퇴화시킬 수는 없다. 그러면 어떻게 해야 할까? 이럴 때에는 추상적인 모형을 만드는 것이 중요하다. 수학에서는 이러한 추상적인 모형을 일컬어 수학 모형[2]이라고 한다.

그러면 수학 모형은 어떻게 만드는가? 그리고 어떤 방법으로 수학 모형을 연구할까? 가장 많이 사용하는 방법은 가설 연역법이다. 가설 연역법은 때로 합리적인 것처럼 보이는 오류에 빠지도록 만들기도 하지만 역사적으로 가설 연역법은 멘델Gregor Johann Mendel[3]의 유전 인자 이론[4]과 같은 난제들을 해결하는 데 큰 도움을 주었다. 〈그림 3-1〉을 보면 가설 연역법의 일반적인 단계를 이해할 수 있다. 가설 연역법의 일반적인 단계는 현상의 관찰 및 분석, 추리와 상상, 문제 제기, 연역적 추리, 가설 제시, 실험 검증과 결론 도출이다. 그림 〈3-2〉처럼 네 단계로 정리하기도 한다. 이 과정은 우리 주변에서 일어나는 현상과 수학 모형의 관계를 보여 주는 것이다.

---

① 진화론은 생물의 생존 법칙과 발전 방향에 관한 이론으로 창조론 등의 이론과 대립한다.

② 수학 모형의 역사는 인류가 처음 수학을 사용하기 시작한 시대로 거슬러 올라간다. 인류가 숫자를 광범위하게 사용하기 시작하면서 인류는 여러 가지 수학 모형을 만들어 일상생활 속의 문제들을 해결하는 데 사용하였다. 수학 모형은 생활 속 문제와 수학을 연결해 주는 다리 역할을 한다.

③ 멘델(Gregor Johann Mendel, 1822~1884). 유전학의 창시자로 '현재 유전학의 아버지'로 불린다. 완두를 이용한 실험으로 유전학의 3대 법칙 중 분리의 법칙과 독립의 법칙을 발견하였다.

④ 멘델이 주장한 유전 인자는 인류가 생물학에 대한 체계적인 인식이 없을 때 나온 것으로, 현대 생물학에서는 이를 DNA라고 부른다.

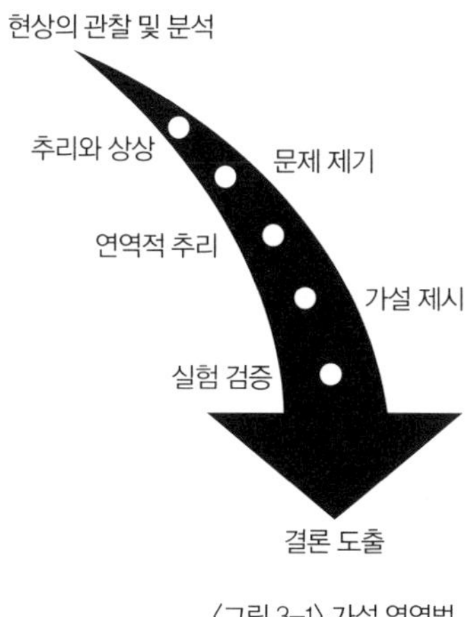

〈그림 3-1〉 가설 연역법

수학 모형의 관점에서 볼 때, 이 방법은 현상을 귀납화, 추상화하는 과정이다. 그러므로 수학 모형은 실제 현상에서 출발했지만 실제보다 추상적이다. 하지만 수학 모형의 답을 구하는 과정은 실제 현상을 통해 검증해야 한

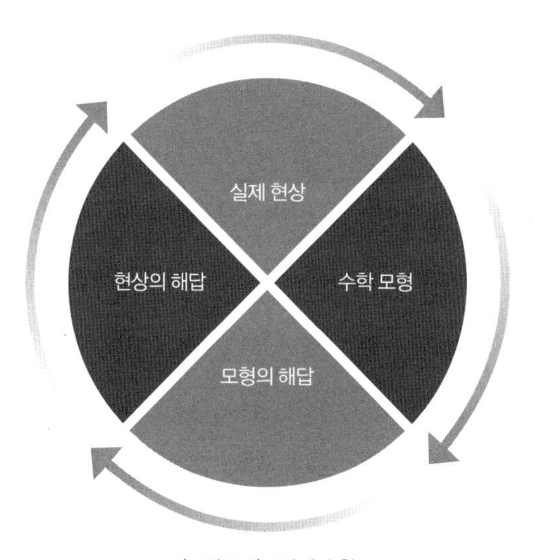

〈그림 3-2〉 4단계 순환

다. 그래서 일부 학자들은 이 과정을 '실천-이론-실천'의 순환⑤이라고 본다.

수학적 직관과 운

수학 모형이나 수학의 여러 분야를 연구할 때에는 직감과 운이 중요한 역할을 한다. 수학을 연구할 때 머릿속에 처음 떠오른 생각이 정답과 전혀 다른 방향으로 흘러간다면 올바른 결론을 얻기 힘들 것이다. 사실 직관은 아무것도 없는 상태에서 생기는 것이 아니라 풍부한 경험과 지식을 쌓고 문제를 다각도로 사고하는 훈련이 되어 있어야만 얻을 수 있다. 훌륭한 수학자가 되고 싶다면 다음 사항에 유념해야 한다.

- 권위 있는 지식이라 하더라도 무조건믿지 말고 어떤 문제든 직접 시험해 본다.
- 훌륭한 수학자는 학력, 나이 등과 같은 기준에 얽매이지 않는다.
- 수학은 지혜로운 안목을 기르게 해 주고 인생을 더욱 아름답게 만들어 준다.

수학을 연구할 때에는 운도 따라야 한다. 천문학자 프톨레마이오스Klaudios Ptolemaios는 운이 좋지 않아 지구 중심설이라는 잘못된 학설을 내놓았다. 그는 지구가 우주의 중심에 놓여 있고 지구 밖에는 차례로 달, 수성, 금성, 태양,

⑤ 고등교육 출판사의 〈수학 모형(제4판)〉 원문에는 '수학 모형은 어떤 현상을 귀납, 추리한 결과이며, 현실에서 출발했지만 현실보다 고차원이고, 수학 모형의 결론은 실제 대상의 검증을 거쳐야만 실제로 활용이 가능하며, 실천-이론-실천의 순환이 완성된다.'라고 쓰여 있다.

〈그림 3-3〉 프톨레마이오스

화성, 목성, 토성 등이 있으며, 이러한 천체들이 각자의 궤도를 따라 지구의 주위를 돈다고 주장하였다. 오늘날 프톨레마이오스의 학설⑥은 이미 잘못된 것으로 밝혀졌지만 현대처럼 과학 연구의 기반이 잘 갖추어지지 않은 시대에 이러한 학설은 대단한 권위를 지녔었다.

이러한 사례는 비단 프톨레마이오스뿐만 아니라 뉴턴과 에디슨 같은 위대한 과학자와 발명가들에게서도 발견되었다. 만약 이들의 운이 조금만 더 좋았다면 세상은 지금보다 더욱 첨단화되지 않았을까? 그러므로 수학자와 과

---

⑥ 프톨레마이오스가 주장한 지구 중심설은 오늘날 잘못된 학설로 밝혀졌지만 지구 중심설은 최초로 행성 체계를 설명한 주장이었다. 지구 중심설을 통해 사람들은 지구가 평평하지 않고 공처럼 둥근 천체라는 사실을 인식하게 되었다. 그 밖에도 지구 중심설은 행성과 항성을 명확히 구분했으며, 우주와 천체의 움직임에 관한 규칙을 이해하기 시작하였다.

학자들에게 운도 실력의 일부분이라고 하는 말이 완전히 틀린 것은 아니다.

밀가루 반죽의 모형

우리 주변에서 일어나는 많은 현상은 어떤 제한이 없이 움직이거나 변하는데, 이는 어떤 순서에 따르는 것이 아니라는 특징이 있다. 여기에서는 쉽게 관찰하고 제어할 수 있는 속성만을 취하여 특정 현상에 대한 연구를 진행할 것이다. 즉, 특정 현상을 간소화하고 추상화한다는 의미로, 예를 들어 밀가루 반죽 속 효모의 질량이 반죽의 크기에 미치는 영향 등은 고려하지 않겠다는 뜻이다. 밀가루 반죽의 크기 v와 밀가루 반죽의 중량⑦ m 사이에는 $v = \frac{m}{\rho}$ 관계가 존재한다.

만약 이 식을 일차함수 형식으로 바꿔 보면 $v = km + b$가 된다. 이 식에서 $k = \frac{1}{\rho}$⑧은 $k = \rho^{-1}$이라고 나타낼 수 있다. 그 밖에 질량이 없으면 밀가루 반죽은 존재하지 않고 부피도 없으므로 $m = 0$일 때 $b = 0$이다. 만약 밀가루 반죽이 구형이라면 $v = \frac{4}{3}\pi r^3$이다. 실제로 반죽은 완전한 구형이 아니지만 여기에서는 모든 반죽의 형태가 비슷하다고 간주한다. 또 일반적인 구형과 차별

---

⑦ 물리학과 수학에서는 중량을 질량이라고 부른다. 하지만 여기에서는 앞부분의 '효모의 질량'과 혼동할 수 있으므로 질량을 '중량'으로 표시한다.

⑧ ρ는 밀도를 나타내며 질량과 부피의 비율을 의미한다. 일부 교과서에서는 이를 단위 부피 에너지의 질량이라고 보기도 한다. 밀가루 반죽의 부피는 정확한 수치가 아니지만 모형을 간소화해야 하므로 정확한 수치라고 간주한다.

을 두기 위해 k로 반죽의 계수[9]를 표시하도록 한다.

한편, 혼동하지 않도록 계수를 k_1과 k_2로 구분한다. 이렇게 하면 $v = k_1m$, $v = k_2r^3$이고 $k_1m = k_2r^3$이 된다. 구형과 유사한 물체는 반지름[10]과 유사한 크기로 표시할 수 있다. 즉, $r^3 = \frac{k_1}{k_2}m$이고 이를 정리하면 $r = \sqrt[3]{\frac{k_1}{k_2}m}$을 얻을 수 있다. $\sqrt[3]{\frac{k_1}{k_2}}$은 하나의 새로운 계수로 볼 수 있으므로 $r = k\sqrt[3]{m}$이 된다.

이때 숫자 3이 k 위에 붙은 것인지 $\sqrt[3]{}$인지 구분하기 어려울 수 있다. 설령 $\sqrt[3]{}$라고 명확히 설명해도 뒤에 이어지는 계산에 불필요한 혼란을 야기할 수 있으므로 $r = k\sqrt[3]{m}$을 $r = km^{\frac{1}{3}}$이라고 표시하도록 하겠다.

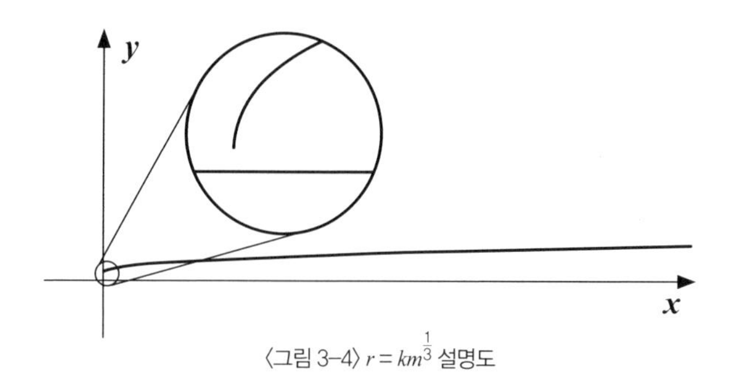

〈그림 3-4〉 $r = km^{\frac{1}{3}}$ 설명도

〈그림 3-4〉는 $r = km^{\frac{1}{3}}$을 설명한 그림인데, 여기에는 길이 단위가 표시되어 있지 않다. 처음 시작할 때에는 곡선의 기울기 변화가 크지만 곧바로 완만해진다. 이는 우리가 밀가루를 처음 반죽할 때 밀가루를 넣으면 처음에는

---

⑨ 계수는 일반적으로 변수 혹은 알파벳 앞의 상수를 가리키는데, 여기에서는 $\frac{4}{3}\pi$를 의미한다.

⑩ 여기에서 유사한 반지름이라고 표현한 이유는, 밀가루 반죽이 완전한 구형은 아니지만 구형에 가깝기 때문이다.

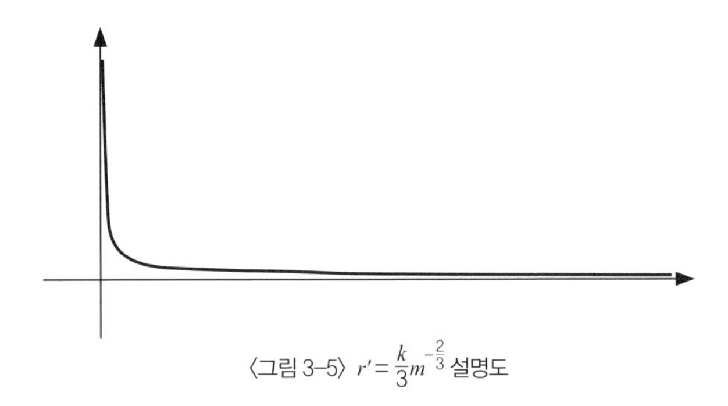

〈그림 3-5〉 $r' = \frac{k}{3}m^{-\frac{2}{3}}$ 설명도

반죽의 크기가 점점 커지는 것을 뚜렷하게 확인할 수 있지만 반죽의 크기가 임곗값에 다다랐을 때는 밀가루를 더 넣어도 크기의 변화가 뚜렷하게 나타나지 않으며, 육안으로도 구분하기 어려워진다는 것을 의미한다.

이때 기울기는 0에 가까워지지만 완벽한 0이 될 수는 없다. 주의할 점은 여기에서의 기울기는 k가 아니라 r'라는 것이다. 이때 앞에서 배운 도함수와 극값을 구하는 공식을 활용하면 $r' = \frac{k}{3}m^{-\frac{2}{3}}$이라는 사실을 알 수 있다. 〈그림 3-5〉는 이러한 내용을 설명한 것으로 기울기가 0에 가까워지고 있는 것을 볼 수 있다.

도함수 공식

매번 극값을 구하여 도함수를 계산하는 것은 매우 번거로운 일이다. 그래서 누군가가 더욱 간단한 방법을 발명하였다. 실제로 앞에서 나왔던 $r' = \frac{k}{3}m^{-\frac{2}{3}}$도 극값을 구하는 방법으로 얻은 식이 아니라 지금부터 소개하려는 도함수 공식으로 얻은 것이다. 도함수 공식의 유도 과정은 복잡하고 지루하므로 여기에서는 이미 만들어진 공식을 사용하도록 하겠다. 도함수 공식의 유도 과정이 궁금한 독자들은 [부록 2]에 나와 있으니 참고하기 바란다. 하지만 [부록 2]에도 일부 도함수 공식의 유도 과정만 나와 있다. 그 이유는 기타 도함수 공식은 뒤쪽에 나오는 도함수 계산의 법칙으로 서로 전환할 수 있기 때문이다.

(1) $(C)' = 0$ (C는 상수)

(2) $(x^n)' = nx^{n-1}$

(3) $(\sin x)' = \cos x$

(4) $(\cos x)' = -\sin x$

(5) $(\tan x)' = \sec^2 x$ ⑪

(6) $(\cot x)' = -\csc^2 x$

(7) $(\sec x)' = \sec x \tan x$

(8) $(\csc x)' = -\csc x \cot x$

(9) $(a^x)' = a^x \ln a$

(10) $(e^x)' = e^x$

(11) $(\log_a x)' = \frac{1}{x \ln a}$

---

⑪ sec, csc, cot 등의 부호가 익숙하지 않은 독자들은 $\sec x = \frac{1}{\cos x}$, $\csc x = \frac{1}{\sin x}$, $\cot x = \frac{1}{\tan x}$을 참고하자.

(12) $(\ln x)' = \frac{1}{x}$

(13) $(\arcsin x)' = \frac{1}{\sqrt{1-x^2}}$

(14) $(\arccos x)' = -\frac{1}{\sqrt{1-x^2}}$

(15) $(\arctan x)' = \frac{1}{1+x^2}$

(16) $(\mathrm{arccot}\,x)' = -\frac{1}{1+x^2}$

도함수 공식의 유도 과정

$f(x) = x^n$의 도함수 $f'(x) = nx^{n-1}$(n은 상수)을 유도할 때에는 $\lim_{\Delta x \to 0}\frac{f(x_0+\Delta x)-f(x_0)}{\Delta x}$의 형식 대신 $\lim_{x \to x_0}\frac{f(x)-f(x_0)}{x-x_0}$의 형식을 사용하기로 한다.

$$
\begin{aligned}
f(x_0) &= x_0^n (n\text{은 상수}) \\
\therefore f'(x_0) &= \lim_{x \to x_0}\frac{f(x)-f(x_0)}{x-x_0} = \lim_{x \to x_0}\frac{x^n - x_0^n}{x-x_0} \\
&= \lim_{x \to x_0}(x^{n-1} + x_0x^{n-2} + x_0^2x^{n-3} + \cdots + x_0^{n-2}x + x_0^{n-1}) \\
&= nx_0^{n-1}
\end{aligned}
$$

아마 중간 단계인 $\lim_{x \to x_0}\frac{x^n - x_0^n}{x-x_0} = \lim_{x \to x_0}(x^{n-1} + x_0x^{n-2} + x_0^2x^{n-3} + \cdots + x_0^{n-2}x + x_0^{n-1})$이 어떻게 해서 나온 것인지 대부분의 사람들은 이해하기 어려울 것이다. 우선 등식 양변의 극한 부호가 바뀌지 않았으므로 극한을 계산한 것은

아니라는 사실을 알 수 있다.

그렇다면 $\frac{x^n - x_0^n}{x - x_0} = x^{n-1} + x_0x^{n-2} + x_0^2x^{n-3} + \cdots + x_0^{n-2}x + x_0^{n-1}$을 검증하기 위해서는 왼쪽 분모에 있는 $x - x_0$를 오른쪽으로 옮겨야 한다. 이제 더 수학적인 방법으로 이 등식을 살펴보기로 하자.

$(x^{n-1} + x_0x^{n-2} + x_0^2x^{n-3} + \cdots + x_0^{n-2}x + x_0^{n-1})(x - x_0)$을 한번 보자.

괄호를 열면 다음과 같이 정리할 수 있다.

$$x^{n-1} \cdot (x - x_0) + x_0x^{n-2} \cdot (x - x_0) + x_0^2x^{n-3} \cdot (x - x_0) + \cdots + x_0^{n-2}x \cdot (x - x_0) + x_0^{n-1} \cdot (x - x_0)$$

또 한 번 괄호를 열면 다음과 같은 식이 나온다.

$$x^n - x_0x^{n-1} + x_0x^{n-1} - x_0^2x^{n-2} + \cdots + x_0^{n-2}x^2 - x_0^{n-1}x + x_0^{n-1}x - x_0^n$$

지울 수 있는 부분들을 정리하면 $x^n - x_0^n$이 나온다. 그러므로 다음과 같은 식을 얻을 수 있다.

$$(x^{n-1} + x_0x^{n-2} + x_0^2x^{n-3} + \cdots + x_0^{n-2}x + x_0^{n-1})(x - x_0) = x^n - x_0^n$$

여기에서 등식의 양변을 $x - x_0$으로 나누면,

$\frac{x^n - x_0^n}{x - x_0} = x^{n-1} + x_0x^{n-2} + x_0^2x^{n-3} + \cdots + x_0^{n-2}x + x_0^{n-1}$이 된다.

이렇게 하면 이 부분이 어떻게 계산되어 나온 것인지 이해할 수 있을 것이다. 지금은 복잡하게 느껴질지 몰라도 이러한 계산 경험이 많아진다면 나중에는 능숙하게 식을 정리할 수 있을 것이다.

도함수의 계산 법칙

한편, 도함수의 계산 법칙은 복잡한 도함수를 처리하기 위하여 생겨났다. $u = u(x)$, $v = v(x)$라고 가정하면 도함수의 계산 법칙은 다음과 같은 형식으로 나타낼 수 있다.

$$(u \pm v)' = u' \pm v'$$

$$(Cu)' = Cu' \quad (C\text{는 상수})$$

$$(uv)' = u'v + uv'$$

$$\left(\frac{u}{v}\right)' = \frac{u'v - uv'}{v^2} \quad (v \neq 0)$$

위의 계산 법칙은 앞에서 배웠던 극한 계산 법칙에서 도출한 것들이다. 독자들도 극한의 계산 법칙에서 도함수의 계산 법칙을 쉽게 도출해 낼 수 있을 것이다. 여기에서는 계산의 편의를 위하여 공식들을 직접 제시해 놓았다.

고등 수학 분야에서 이미 도출된 공식 혹은 정리를 그대로 사용하는 행위를 모듈화라고 한다.

이는 미적분을 공부할 때 매우 중요한 것이다. 이러한 법칙이 있으므로 모든 도함수 문제는 [부록]에 제시된 공식에 따라 해결할 수 있다. 미적분을 이처럼 쉽고 간단하게 풀 수 있도록 법칙을 발명해 준 수학자들에게 감사할 따름이다.

합성함수의 미분

I장에서 합성함수를 배운 바 있다. 합성함수의 미분 과정에 관하여 가장 보편적인 예시를 살펴보도록 하겠다. 아무리 복잡한 합성함수의 미분이라 할지라도 아래의 과정을 따라가다 보면 문제를 해결할 수 있다.

$y = f(u)$라는 합성함수가 있다고 하자. 그중 $u = g(x)$이고 $f(u)$, $g(x)$는 모두 미분할 수 있다. 그렇다면 $y = f[g(x)]$의 도함수는 $y' = f'(u) \cdot g'(x)$가 된다. 이제 합성함수의 미분 공식의 정확성을 검증하기 위하여 함수 $f(x) = (x + 1)^2$의 도함수 $f'(x)$를 구해 보자.

합성함수의 미분 법칙을 사용하지 않는다면 먼저 $f(x)$를 간소화한다.

$$f(x) = (x + 1)^2 = x^2 + 2x + 1$$

이어서 도함수의 성질에 따라 $f(x)$를 미분한다.

$$\begin{aligned} f'(x) &= (x^2 + 2x + 1)' = (x^2)' + (2x)' + (1)' \\ &= 2x + 2 + 0 = 2x + 2 \end{aligned}$$

정리하면 $f'(x) = 2x + 2$가 된다. 이제 합성함수의 미분 법칙에 따라 $f(x)$를 미분해 보자. $u = g(x) = x + 1$이고 $f(u) = u^2$이라고 하면 다음과 같은 식을 얻을 수 있다.

$$
\begin{aligned}
f'(x) &= f'(u)g'(x) = (u^2)'(x+1)' \\
&= 2(u) \cdot (1 + 0) = 2u \\
&= 2(x+1) = 2x + 2
\end{aligned}
$$

다시 정리하면, $f'(x) = 2x + 2$라는 결론이 나온다. 그러므로 합성함수의 미분 법칙은 정확하다는 것이 검증되었다.

역함수와 역함수의 미분

II장에서 대칭에 대하여 살펴보았던 기억이 있을 것이다. 역함수는 바로 이 대칭과 접힘으로 설명할 수 있다. 함수 $y = f(x)$가 있다면 이 함수의 역함수 그래프는 $y = x$의 기운 선을 따라 접었을 때 얻을 수 있다. 그러나 이렇게 접는 것이 절대적인 것은 아니며 정의역 등의 요소를 고려해야 한다. 정확히 말한다면 역함수는 이 함수의 일부분을 $y = x$의 그래프를 따라 접어야 구할 수 있다.

왜 복잡하게 역함수를 구해야 하는지 반문하는 독자들도 있을 것이다. 일반적으로 역함수와 함수는 독립변수와 종속변수가 서로 바뀌어 있다. 이는

I장에서 다루었던 축소 복사할 때 사용한 복사용지를 통하여 축소 복사한 쪽수를 유추하는 것과 마찬가지이다. 또 이 장에서 살펴봤던 밀가루 반죽의 예를 들면, 반죽의 유사 반지름을 통하여 중량을 구하는 것과 같다. 그래서 역함수는 천문학과 경제학 등의 분야에서 자주 활용된다.

함수 $x = f(y)$⑫는 어떤 구간에서 단조함수⑬이고 미분할 수 있으며 $f'(y) \neq 0$을 만족한다. $f'(y) \neq 0$을 만족해야 하는 이유는 $f'(y) = 0$이라면 수평선 위에 있다는 의미이기 때문이다.

만약 $f'(y) = 0$이라면 그래프를 접어서 얻은 역함수의 일부 구간은 수직일 것이고 수직하는 선의 도함수는 의미가 없으므로 도함수가 존재하지 않는다고 간주한다. 도함수가 존재하지 않으면 도함수를 구할 수 있는 방법도 없다.

$x = f(y)$의 역함수를 $y = f^{-1}(x)$라고 쓰면 f^{-1}은 f의 역함수라는 뜻이다. 이때 $y = f^{-1}(x)$이라고 쓰는 이유는 독립변수와 종속변수의 위치가 서로 바뀌었다는 것을 나타내기 위해서이다.

그러면 이제 역함수의 도함수에 대하여 알아보자. 먼저 앞에서 배웠던 극값을 구하는 방법에 따라 이 함수의 지정 구간 내의 중복되지 않은 두 지점 x와 $x + \Delta x$를 고른다. $x = f(y)$가 이 구간 내에서 단조함수이기 때문에 그래프를 접었을 때 얻는 역함수 $y = f^{-1}(x)$도 동일한 구간 내에서 단조함수이다.

---

⑫ 여기에서는 편의를 위해 종속변수를 x로 표시하고 독립변수를 y로 표시한다. 이 설명은 독립변수와 종속변수의 알파벳과 부호를 바꾸어도 된다는 의미이다. 일반적으로 y는 종속변수, x는 독립변수를 나타내는데, 이것은 언제까지나 일반적으로 사용하는 것이라는 사실을 유념해야 한다.

⑬ 함수의 단조성을 의미한다. 함수의 값이 (종속변수에 의하여) 독립변수의 증가에 따라 증가만 하거나 감소하기만 하는 상황을 의미한다.

이 역함수가 단조함수라면 다음과 같은 식으로 나타낼 수 있다.

$\Delta y = f^{-1}(x + \Delta x) - f^{-1}(x)$이고 $\Delta y \neq 0$이다.

그러므로 다음과 같다.

$$\frac{\Delta y}{\Delta x} = \frac{1}{\frac{\Delta x}{\Delta y}}$$

$y = f^{-1}(x)$는 미분할 수 있으므로 도함수 존재 법칙(IV장에서 자세히 소개한다.)에 따라 분명 연속한 것으로 본다.

$$\lim_{\Delta x \to 0} \Delta y = 0$$

즉, $[f^{-1}(x)]' = \lim_{\Delta x \to 0} \frac{\Delta y}{\Delta x} = \lim_{\Delta y \to 0} \frac{1}{\frac{\Delta x}{\Delta y}} = \frac{1}{f'(y)}$이다.

결론은 역함수의 도함수는 원함수의 도함수의 역수라고 정리할 수 있다.

중국어 방과 블랙박스 모형

〈그림 3-6〉은 존 설John Searle이 제시한 유명한 '중국어 방[14] 논증'에 관한 그

⑭ 존 설(John Searle)이 튜링 테스트(기계가 인간과 얼마나 비슷하게 대화할 수 있는지를 기준으로 기계에 지능이 있는지를 판별하고자 하는 테스트로, 앨런 튜링이 1950년에 제안했다.)를 통해 기계의 인공지능 여부를 판정할 수 없다는 것을 논증하기 위하여 고안한 사고 실험이다.

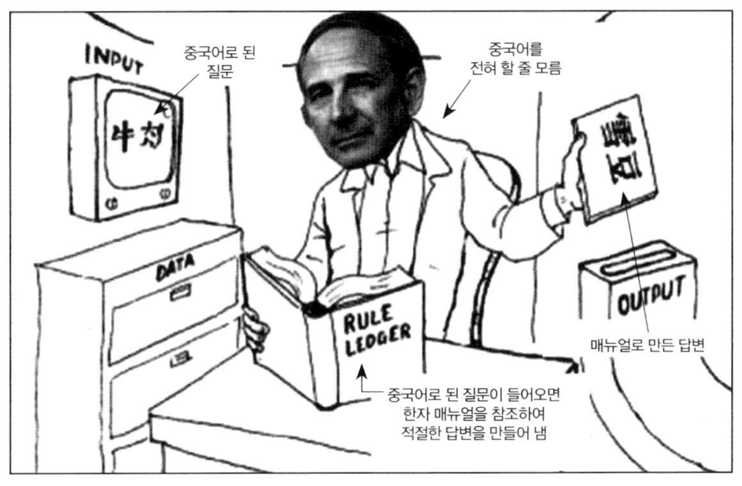

〈그림 3-6〉 중국어 방

림이다. 가설에 따라 작은 창문 하나를 제외하고는 사방이 완전히 막혀 있는 방에 모국어인 영어 외에 다른 외국어는 할 줄 모르는 사람을 가둔다.

이 사람은 한자 매뉴얼(영중 사전)을 한 권 가지고 들어갈 수 있고, 방 안에는 충분한 종이와 펜이 준비되어 있다. 방 밖에 있는 사람이 작은 창문을 통하여 중국어가 적힌 종이를 방 안에 있는 사람에게 전달한다. 방 안에 있는 사람은 사전을 이용해서 종이에 적힌 글을 해석하고 중국어로 답장을 보내야 한다. 이때 매뉴얼로 작업을 하는 사람은 중국어를 전혀 모르는 상태이므로 어떤 글자가 들어오더라도 그 사람이 하는 작업은 그림을 짜맞추는 것과 다를 바 없다.

이런 식으로 중국어를 전혀 모르는 사람도 매뉴얼을 참고하기만 하면 얼마든지 중국인과 필담을 할 수 있게 된다. 물론, 안에 있는 사람은 이 대화의 내용을 단 하나도 이해할 수 없다. 여기에서 중국어를 이해할 수 있는 사람은 방 밖에서 한자를 써 주고 있는 사람과 매뉴얼을 제작한 사람뿐이다.

존 설은 중국어를 전혀 못 하는 사람도 이러한 과정을 거치다 보면 의미를 완전히 이해하지는 못하지만 유창한 중국어를 구사할 수 있게 된다고 주장하였다. '블랙박스 모형'은 일반적으로 그 내적 체계를 알 수 없는 연구 대상을 여러 가지 기관들이 모여 만들어진 불투명한 블랙박스라고 상상하는 것이다.

생화학 반응을 예로 들어 보자. 반응이 일어날 때에는 간섭 요소도 많고 연결 체계가 복잡하며 직접 관찰하기 어렵다. 이러한 현상을 블랙박스 모형으로 추상화시키는 것이다. 그런 다음 연구를 통하여 내적 체계와 구조를 이해하고 밝혀내는 것이다. 이처럼 어떤 현상에 대한 내적 체계를 분명히 알 수 있는 모형을 화이트박스 모형이라고 한다. 열역학, 전자 공학 등의 분야에서 연구자들이 다년간의 연구를 통해 어떤 현상의 내적 체계를 모두 밝혀냈다면 이것은 화이트박스 모형이 된다. 그러나 만약 생태학이나 기상학에서처럼 일부 내용은 밝혀냈지만 아직 밝혀지지 않은 체계와 구조가 있다면 이때는 그레이박스 모형이라 부른다.

심화 문제

함수 $y=\sqrt{\left(b+\frac{b}{a}x\right)\left(b-\frac{b}{a}x\right)}$가 있고 함수의 어떤 지점 M이 있다.

M이 존재하고 M의 접선과 좌표축을 둘러싼 도형이 삼각형이라면 M의 좌표는 무엇일까? M이 존재하지 않는다면 그 이유는 무엇일까?

세키 다카카즈(關孝和, 1642[15]~1708)는 일본의 유명한 수학자로 대표적인 저서로는 〈발미산법(發微算法)〉이 있다. 세키 다카카즈의 연구는 광범위하게 이루어졌고 많은 성과를 거뒀다. 그가 등장함으로써 일본 수학계는 크게 발전했고 '화산(和算)'[16]의 기초를 다지는 계기가 되었다. 그러나 무엇보다 세키 다카카즈의 가장 큰 공헌은 행렬식이다.

이 개념은 연립방정식을 푸는 과정에서 발견된 것으로 세키 다카카즈와 독일의 라이프니츠가 각각 발견하였다. 1683년 세키 다카카즈는 그의 저서인 〈해복제지법(解伏題之法)〉에 처음으로 행렬식의 개념을 인용했고 그 이후 행렬식은 여러 분야에서 활용되었는데, 특히 고차방정식을 푸는 데 주로 사용되었다.

〈그림 3-7〉 세키 다카카즈

⑮ 세키 다카카즈의 출생 연도는 명확하지 않지만 1642년 전후로 추정한다.

⑯ 일본 에도 시대에 발전한 수학의 형태를 의미하며, 주된 성과는 행렬식과 미적분 등이다.

구슬아 굴러 굴러

도함수의 존재 법칙

II장에서 도함수의 기호 (′) Prime을 발명한 사람은 라그랑주라고 말한 바 있다. 이 장에서는 미적분이 탄생한 이후 수학이 어떻게 발전해 왔는지 그 비밀을 파헤쳐 보려고 한다.

뉴턴과 라이프니츠가 미적분을 발명한 이후 유럽의 수학자들은 두 파로 나뉘게 되었다. 영국은 뉴턴이 〈자연 철학의 수학적 원리〉[①]에서 구축한 기하학적 방법을 지켜 나가며 더디게 발전하였다. 그러나 같은 시기에 다른 유럽 대륙에서는 대부분 라이프니츠가 발견한 분석 방법[②]을 통하여 빠른 발전을 거두었다. 오일러Leonhard Euler[③]와 라그랑주는 수학 역사의 중요한 개척자들이다. 특히 라그랑주는 18세기에 창립된 주요 수학 분파에 모두 선구적인 역할을 하였다.

II장에서 극한의 존재 법칙에 대하여 극한이 존재하지 않으면 도함수는 존재할 수 없다고 언급했었다. 앞에서 배운 내용들을 되새겨 보면, 도함수는

---

① 영국의 아이작 뉴턴(Isaac Newton)의 대표작으로 1687년 출간되었다. 이 책은 제1차 과학 혁명을 집대성한 작품으로 물리학, 수학, 천문학, 철학 등에 큰 영향을 미쳤다. 뉴턴은 글쓰기 방식에서 고대 그리스의 공리적 이론을 모방한, 정의에서 출발하여 명제를 도출하는 방식을 따랐다. 구체적인 문제(달의 운동 등)에 관해서는 이론에서 도출한 결과와 관찰 결과를 서로 비교하였다.

② 당시에는 분석법이라 불렀다.

③ 오일러(Leonhard Euler, 1707~1783). 스위스의 수학자이자 자연과학자. 18세기 수학계의 가장 걸출한 인물 중 한 명으로 수학의 발전에 큰 공헌을 했을 뿐만 아니라 수학을 물리의 영역까지 확대시켰다. 오일러는 수많은 수학적 성과를 남겼으며 저서인 〈무한 해석 개론〉, 〈미분학 원리〉, 〈적분학 원리〉는 모두 수학계의 대표적인 저작들로 남아 있다.

극한에서 일종의 특수한 상황이라는 사실을 알 수 있다.

그러면 이제부터는 조금 더 간단하고 쉬운 방법으로 함수의 미분에 대해 알아보기로 하자. II장에서 도함수의 기하적 의미는 함수 그래프 접선의 기울기라고 하였다. 따라서 도함수가 존재하지 않는다면(함수를 미분할 수 없는 경우) 그 원인은 다음과 같이 네 가지로 정리해 볼 수 있다.

도함수가 존재하지 않는 원인

(1) $f(x)$가 함수가 아니다.

(2) $f(x)$가 해당 지점에서 연속하지 않는다.

(3) $f(x)$가 해당 지점에서의 접선이 y축과 평행하다.

(4) $f(x)$가 해당 지점의 접선이 유일한 것이 아니다.

어째서 위의 네 가지 상황에서는 함수를 미분할 수 없을까(도함수가 존재하지 않는 것일까)?

먼저 $f(x)$가 함수가 아닐 때 $f(x)$는 X 집합의 모든 원소 x는 함수의 정의에 따라 Y 집합의 유일한 원소 y와 대응할 수 없다. 따라서 함수 그래프를 그릴 수 없고 당연히 기울기도 없다④.

다음으로 $f(x)$가 연속하지 않을 때에는 당연히 접선을 구할 수 없다. 예를 들어 해당 지점의 위치에서 함수 그래프가 존재하지 않는다고 한다면 그래프의 기울기를 구할 수 없고 도함수 역시 존재하지 않는다고 본다.

---

④ 아주 정확한 수학적 해석은 아니지만 이해를 돕기 위하여 이렇게 표현하도록 한다.

$f(x)$가 해당 지점에서의 접선이 y축과 평행할 때 모든 함수 곡선이 y축과 평행하는 것은 불가능하다. 왜냐하면 모든 함수 곡선이 y축과 평행하다면 $f(x)$는 함수가 아니므로 첫 번째 원인을 만족하게 되기 때문이다. 설령 $f(x)$ 중 어떤 구간도 y축과 완전히 평행하지 않다고 해도 어떤 한 지점은 y축과 평행하게 된다.

예를 들면 $f(x) = \sqrt[3]{x}$의 원점을 지나는 접선은 y축과 평행하다. 그러므로 함수 $f(x) = \sqrt[3]{x}$가 $x = 0$에서 연속이라고 하더라도 해당 지점에서는 접선의 기울기가 없으므로 도함수 역시 존재하지 않는다.

마지막으로 $f(x)$가 곡선과 단 하나의 교차점을 가진 하나 이상의 직선을 그릴 수 있다면 접선과 기울기가 유일하지 않은 것⑤으로 간주한다. 다시 말해, 도저히 계산할 수 없는 상황인 것이다. 이러한 상황에서는 도함수가 존재하지 않기 때문에 계산할 수 없다.

위와 같은 네 가지 상황을 제외하면 도함수는 모두 존재한다. 도함수의 존재 법칙은 '도함수가 존재하려면 그래프가 반드시 연속해야 하지만, 연속한다고 해서 반드시 도함수가 존재하는 것은 아니다.'라고 정리할 수 있다. 물론 이러한 정리는 독자들의 이해를 돕기 위한 것이고, 각 법칙의 원리를 정확히 이해하는 것이 무엇보다 중요하다.

---

⑤ 접선이 유일하지 않다는 것은 접선이 없다는 것이므로 접선이 존재하지 않는다고 표현하기도 한다.

롤의 정리

롤의 정리를 정의하면 다음과 같다.

함수 $f(x)$가 ⑴ 닫힌 구간 $[a, b]$에서 연속이고, ⑵ 열린 구간 (a, b)에서 미분 가능하고, ⑶ 구간의 양 끝점에서 $f(a) = f(b)$를 만족하면 $f'(\xi) = 0$인 ξ가 열린 구간 (a, b)에 적어도 하나 존재한다.

이제 롤의 정리를 한 번 증명해 보도록 하자.

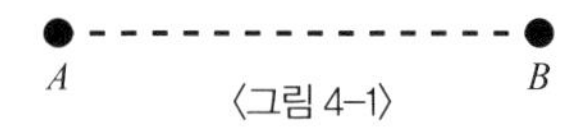

〈그림 4-1〉

〈그림 4-1〉처럼 수평으로 배열된 두 개의 점 A와 B가 있고 선 하나가 두 개의 점을 잇고 있다. 이때 연필로 선을 그리는데, 수직 방향으로는 자유롭게 그리되 수평 방향으로는 왼쪽에서 오른쪽으로만 그리고 선이 중간에서 끊기면 안 된다.

만약 당신이 그린 선이 위의 조건을 만족하면 이 선은 〈그림 4-2〉 도형의 일부분 혹은 전체를 평행으로 이동하거나 연결하거나 회전하거나 확대 혹은 축소해서 만들어진 것이다. 다시 말해 선을 어떻게 그리든 그 선은 〈그림 4-2〉와 같은 곡선과 같아진다. 〈그림 4-2〉를 통하여 롤의 정리를 논의해 보자.

〈그림 4-2〉가 어떤 함수[6] 그래프의 일부라고 한다면, 닫힌 구간 $[a, b]$에

---

⑥ 뒤에서는 $f(x)$로 이 함수를 나타낸다.

서 연속이고 열린 구간 (a, b) 내에서 미분 가능하며 $f(a) = f(b)$를 만족한다. 이제 이 선 위에서 ξ를 찾아 $f'(\xi) = 0$이 되도록 하면 된다. 혹은 이 곡선을 무수히 작은 직선 구간으로 분할하여 그중 어떤 구간이 A와 B의 연결선과 평행하는지 보면 된다. 〈그림 4-3〉에서 보듯 두 지점에서 $f'(\xi) = 0$이 된다. 즉, 두 개의 작은 구간이 A와 B의 연결선과 평행하다.

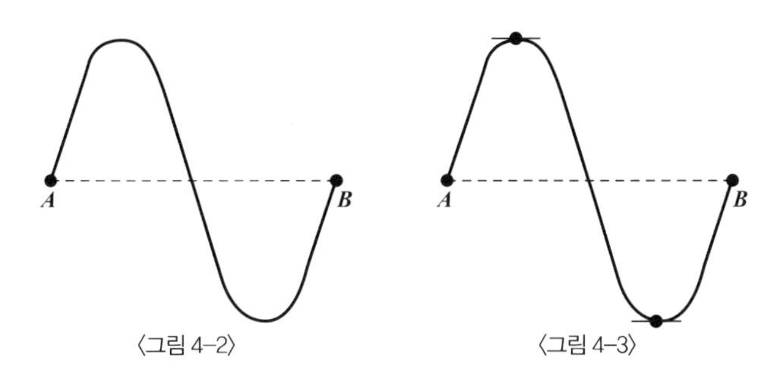

〈그림 4-2〉 〈그림 4-3〉

라그랑주의 평균값 정리

만약 A, B 두 지점이 수평이 아니라면 두 지점의 배열은 수직[⑦] 이외에 임의의 각도이다. 그렇다면 A, B를 잇는 연결선과 평행한 구간이 있을까? 지금부터 이에 대한 재미있는 증명 방법을 소개하도록 한다. 이 책을 어떤 각도로 회전(단 A, B 두 지점의 배열이 수직이면 안 된다.)시켜 자세히 관찰해

---

⑦ 두 지점이 수직으로 배열되어 있으면 도함수가 존재하지 않는다. 이 내용은 앞에서 충분히 설명했으므로 다시 설명하지 않는다.

보면 A, B 두 지점과 평행한 작은 구간이 보일 것이다. 이것이 바로 라그랑주의 평균값 정리이다.

라그랑주의 평균값 정리는 롤의 정리에서 확장된 개념이다. 롤의 정리에서 A, B 두 지점은 수평이므로 A, B 연결선의 기울기는 0이고 ξ 지점(도함수의 값) 기울기 역시 0이다. 그러나 라그랑주 평균값 정리에서 A, B 두 지점이 꼭 수평이어야 하는 것은 아니다.

하지만 A, B 연결선의 기울기가 ξ 지점의 기울기(도함수의 값)와 같은 상황도 있다. 그러므로 ξ의 기울기(도함수의 값)를 A, B 연결선의 기울기라고 표시할 수도 있다.

이 내용을 수학적으로 표현하면 다음과 같다.

$$f'(\xi) = \frac{f(b) - f(a)}{b - a}$$

아래와 같이 쓰기도 한다.

$$f(b) - f(a) = f'(\xi)(b - a)$$

II장에서 상수의 도함수는 0이라는 사실을 배웠다.

상수의 도함수가 0인지 모른다면 상수가 수평한 직선이라고 생각하면 된다. 수평 직선의 기울기는 0이므로 상수의 도함수가 0인 것이다. 물론 아래의 방법대로 상수의 도함수가 0이라는 사실을 증명할 수도 있다.

$$f(x) = C\ (C\text{는 상수})\text{라고 한다면}$$

$$\therefore f'(x) = \lim_{\Delta x \to 0} \frac{f(x+\Delta x) - f(x)}{\Delta x} = \lim_{\Delta x \to 0} \frac{C-C}{\Delta x} = 0\text{이 되고}$$

$$\therefore f(x) = C\text{일 때, } f'(x) = 0\text{이다.}$$

라그랑주의 평균값 정리에 따르면, 어떤 함수 $f(x)$의 도함수가 언제나 0이라면 그 함수는 분명 상수 함수이다. 이는 '상수의 도함수가 0이라는 것'과 이의 역명제인 '만약 어떤 함수 $f(x)$의 도함수가 언제나 0이라면 분명한 상수 함수'라는 것이 모두 성립한다.

이러한 결론은 VI장에서 다시 활용된다.

갈릴레오의 고뇌

갈릴레오Galileo Galilei[⑧]는 과학 역사상 위대한 수학자이자 물리학자이며 천문학자이다. 갈릴레오의 일생 중 가장 큰 성과는 아리스토텔레스Aristoteles[⑨]가

---

⑧ 갈릴레오(Galileo Galilei, 1564~1642). 이탈리아의 과학자, 물리학자, 천문학자로 온도계 등을 발명했고 근대 실험 과학의 기반을 다졌다.

⑨ 아리스토텔레스(Aristoteles, B. C. 384~B. C. 322). 고대 그리스의 철학자, 과학자, 교육자 중 하나였으며 그리스 철학을 집대성하였다. 그의 연구는 논리학, 심리학, 경제학, 신학, 정치학, 수사학, 자연 과학, 교육학, 시, 풍속, 아테네 법률 등에 영향을 미쳤다. 대표적인 저서로는 〈오르가논〉, 〈물리학〉, 〈형이상학〉 등이 있다.

오직 상상과 주관에 의존하여 얻은 잘못된 결론[10]을 뒤집은 일이다. 그 밖에도 그는 역학의 기초를 다지고 프톨레마이오스의 지구 중심 체계를 논리 있게 반박하였다.

갈릴레오는 17세기의 자연과학 발전에 큰 공헌을 하였다. 현재 근대 자연과학은 갈릴레오와 뉴턴이 구축한 실험 과학에서 출발하였다. 갈릴레오의 경사면 실험은 아리스토텔레스의 잘못된 관점을 뒤집었을 뿐만 아니라 뉴턴의 3법칙에도 이론적인 기초를 제공하였다.

뉴턴은 그의 경사면 실험 결과를 관성의 법칙[11]이라고 정리했는데, 물체는 외부의 힘이 가해져 운동 상태를 바꿀 때까지 모두 등속 직선 운동 혹은 정지 상태를 유지한다는 내용이다. 그러나 위대한 학자인 갈릴레오는 II장에서 논의했던 순간 속도, 평균 속도 그리고 앞으로 논의될 가속도 등의 문제로 고뇌하기도 하였다.

테일러 전개식[12]

관측 지점으로부터 x미터 떨어진 구슬을 관측한다고 하자. $f(t)$가 t일 때 관

---

[10] 이 잘못된 관점은 아리스토텔레스가 기원전 3세기에 힘이 물체의 운동을 유지하는 원인이라고 주장한 것을 가리킨다. 이 관점은 갈릴레오의 경사면 실험으로 뒤집어졌다.

[11] 뉴턴의 제1법칙이라고도 부른다.

[12] 테일러 공식이라고도 한다.

측 지점으로부터의 거리를 표시하면 t에 관한 함수 $f(t)$를 나타낼 수 있을까?

구슬이 영원히 멈춰 있다면 $f(t) = x$이다. 이때 $f(t)$의 값과 시간 t는 아무 관련이 없다. 이 구슬이 v의 속도로 등속 운동한다면 $f(t) = x + vt$이다. 여기에서 시간 t를 미분[13]하면 구슬의 운동 속도 v를 구할 수 있다. 이 속도는 구슬의 평균 속도가 되지만 순간 속도도 된다.

여기에 우리가 중학교 때 배웠던 가속도[14]의 개념을 도입해 보자. 구슬의 운동은 II장에서 다루었던 열차의 가속 운동, 감속 운동과 비슷하다. 구슬의 순간 속도 변화가 〈그림 4-4〉와 같다고 할 때, II장에서 어떤 순간의 순간 속도는 거리의 도함수라고 배운 것처럼 순간 속도를 미분하면 가속도를 구할 수 있다.

여기에서는 가속도를 a로 표시하도록 하겠다. 만약 가속도가 일정하다면 $f''(t) = a$라고 설명할 수 있다.

역방향으로 추론해 보면 속도가 $f'(t) = v + at$라는 것을 알 수 있고 이때 v는 순간 속도도 평균 속도도 아니고, 시간 t가 0일 때의 순간 속도이다. 이것을 초기 속도 혹은 초속도라고 부른다.

다시 순간 속도 $f'(t)$를 통해 역방향으로 추론해 보면[15] 거리함수 $f(t)$를 유추할 수 있다.

---

⑬ 어떤 변수에 대하여 미분할 때 기타 변수는 상수로 간주해야 한다. 여기에서도 시간에 대하여 미분할 때 시간이 아닌 변수는 모두 상수로 간주해야 한다.

⑭ 실질적으로 중력 상수 g는 중력 가속도라고 불리므로 가속도의 일종으로 간주한다.

⑮ 역방향 추론의 원리는 VI장에서 설명할 것이다.

$$f(t) = x + vt + \frac{1}{2}at^2$$

만약 가속도가 일정한 값(상수)이 아니라면 어떻게 될까? 〈그림 4-5〉[16] 처럼 가속도의 변화가 일정하다면 $f'''(t) = a_1$이다. a와 새로운 a의 변화량을 구분하기 위하여 기존의 a를 a_0이라고 하고 새로운 a를 a_1이라 한다.

그래서 $f'''(t) = a_1$이 있고 계속해서 역방향 추론의 원리에 따라 $f''(t) = a_0 + a_1t$가 된다. 이때 $f''(t)$는 순간 가속도를 나타내며, 〈그림 4-5〉의 세로축 위의 점과 같다. 한편 a_0은 시간 t가 0일 때 순간 가속도 혹은 초기 가속도를 나타낸다.

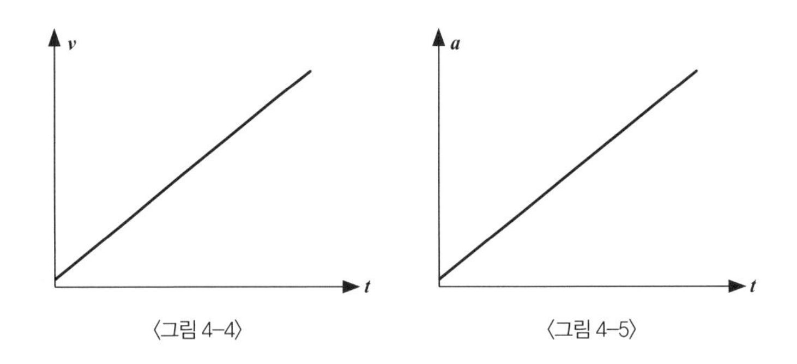

〈그림 4-4〉 〈그림 4-5〉

이러한 규칙에 따라 역방향으로 추론하면 순간 속도 $f'(t)$가 나온다.

$$f'(t) = v + a_0t + \frac{1}{2}a_1t^2$$

---

⑯ 〈그림 4-4〉과 〈그림 4-5〉은 세로축의 변수가 다르다.

이때의 거리 $f(t)$는 다음과 같다.

$$f(t) = x + vt + \frac{1}{2}a_0t^2 + \frac{1}{6}a_1t^3$$

이러한 규칙에 따라 추론하면 a_0, a_1, a_2, a_3, a_4 $\cdots$ a_n을 얻을 수 있다. 통일하기 위해 다음과 같이 식을 정리한다.

$$f(t) = x_0 + x_1t + \frac{1}{2}x_2t^2 + \frac{1}{6}x_3t^3 + \cdots + \frac{1}{n!}x_nt^n$$

$x_1 = f'(x_0)$, $x_2 = f''(x_0)$, $x_3 = f'''(x_0)$ $\cdots$ 이라는 사실을 발견했으므로,

$f(t) = \frac{x_0}{0!} + \frac{f'(x_0)}{1!}t + \frac{f''(x_0)}{2!}t^2 + \frac{f'''(x_0)}{3!}t^3 + \cdots + \frac{f^{(n)}(x_0)}{n!}t^n$이 된다.

위 식의 t를 x로 변환하면 바로 테일러의 전개 혹은 테일러의 공식이 된다.

$$f(x) = \frac{x_0}{0!} + \frac{f'(x_0)}{1!}x + \frac{f''(x_0)}{2!}x^2 + \frac{f'''(x_0)}{3!}x^3 + \cdots + \frac{f^{(n)}(x_0)}{n!}x^n$$ [17]

---

[17] 원래는 급수 형태로 표현해야 하나 여기에서는 간단히 근삿값을 구하는 단계를 설명하므로 급수 표현을 하지 않았다. 테일러 전개의 기본 형태는 다음과 같다.

$$f(x) = \frac{x_0}{0!} + \frac{f'(x_0)}{1!}x + \frac{f''(x_0)}{2!}x^2 + \frac{f'''(x_0)}{3!}x^3 + \cdots + \frac{f^{(n)}(x_0)}{n!}x^n + \cdots$$

〈그림 4-6〉 브룩 테일러

1712년 영국의 수학자 브룩 테일러Brook Taylor[18]는 한 통의 편지에서 이 공식을 처음 언급하였다. 하지만 이 공식은 1671년에 제임스 그레고리James Gregory가 처음 발명했다고 알려져 있다. 1797년에 라그랑주는 잉여항 형식의 테일러 정리를 발표하였다.

만약 함수가 충분히 평활하고 함수의 임의의 지점의 도함수 값을 미리 알

---

⑱ 브룩 테일러(Brook Taylor, 1685~1731). 영국의 수학자. 테일러 전개와 테일러 급수로 세상에 이름을 알렸다. 1708년 '진동 중심' 문제를 해결하는 방법을 발명했지만 1714년에야 발표되었다. 그래서 누가 먼저 해법을 발명했는지에 대하여 요한 베르누이와 논쟁을 벌이기도 하였다. 1712년에 왕실 학회에 들어가게 되어 같은 해 뉴턴과 라이프니츠의 미적분 발명에 대한 우선권 논쟁에 참여하게 된다(테일러가 이 안건의 위원회에 가입함). 그의 유작은 1793년에 발표되었다.

고 있다면 테일러 전개를 통해 도함수 값이 계수인 다항식으로 임의의 지점이 속한 함숫값을 계산할 수 있다. 테일러 전개는 함수의 임의 지점의 정보를 이용하여 주변의 값을 구할 수 있는 공식인 셈이다.

즉, 테일러 전개는 근삿값을 구하는 공식이다. 미적분에서 가장 중요하게 생각하는 것은 이처럼 '거의 비슷한' 혹은 '완전히 같지 않은' 개념들이다. 이렇게 보면 미적분은 '게으른' 사람들의 수학이 아닐까 하는 생각도 든다.

심화 문제

테일러 공식을 이용하여 자연 대수의 x차 방정식을 표시해 보라. 그리고 테일러 공식을 이용하여 $\sin x$를 표시할 수 있을까? 이 밖에도 테일러 공식을 이용해서 나타낼 수 있는 함수는 어떤 것들이 있을까?

마방진의 역사를 알기 위해서는 우임금이 물을 다스리던 약 4천 년 전의 중국으로 거슬러 올라가야 한다. 어느 날 우임금이 황하 강변을 걷는데 갑자기 강물 속에서 한 마리 거북이 나타났다. 이 거북은 몸집이 굉장히 컸을 뿐만 아니라 등에는 무늬가 있었다. 우임금이 무늬를 자세히 관찰해 보니 등의 무늬는 모두 여덟 개의 구역으로 나누어져 있고 그 안에는 작은 반점들이 보였다. 우임금이 한 행의 반점들과 한 열의 반점들, 대각선의 반점들을 더해 보니 모두 15가 나왔다. 우임금은 거북이의 계시를 받아들이고 황하강을 잘 다스렸다. 나중에 거북의 등에 있던 도안을 마방진이라 부르게 되었다.

〈그림 4-7〉 우임금이 물을 다스리는 상상도 © kknews.cc

위의 이야기처럼 마방진은 우임금 시절 신비한 거북으로부터 유래하였다. 그러면 바둑판 모양의 칸에 1부터 9까지의 숫자를 가로, 세로, 대각선의 합이 15가 되도록 채워 넣어 보자.

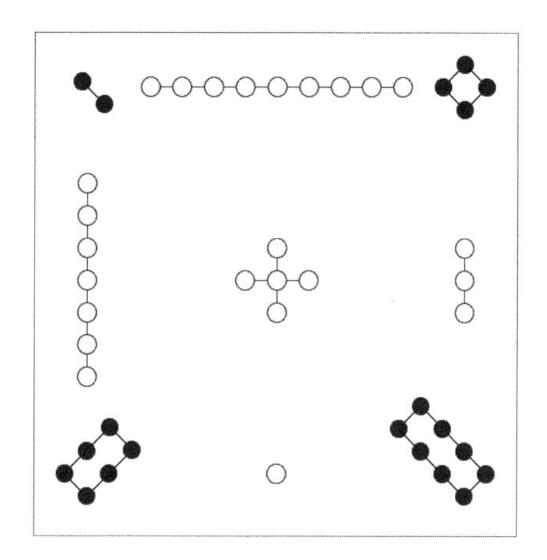

중국 고대에 이런 노래가 있었다. "신령한 거북이가 있네. 2와 4는 어깨요, 6과 8은 다리요, 왼쪽은 7 오른쪽은 3이요, 9를 얹고 1을 밟고 중간에는 5가 있네." 이 노래 가사처럼 5가 중간에 있다면 5를 둘러싼 두 개의 수는 합이 모두 10이 돼야 한다. 그렇다면 노래 가사의 내용과 다른 3차 마방진을 또 만들 수 있을까? 그 밖에 또 새로운 마방진을 만들 수 있을까? 만약 지금 만든 마방진이 좀 전에 만든 마방진과 다르다고 생각된다면 시계 방향 혹은 반시계 방향으로 회전해서 노래 가사를 따라 만들었던 마방진과 같아지도록 만들어 보라. 숫자를 달리 배열해서 마방진을 만들다 보면 어떤 식으로 만들든 숫자 5는 항상 가운데에 있고 양 옆 숫자 두 개의 합은 모두 10이라는 사실을 알게 된다. 그러므로 완전히 새로운 3차 마방진을 만드는 것은 어려운 일이다.

이제 3차 마방진을 이해했으니 2차 마방진도 있는지 궁금하지 않은가? 그리고 N차 마방진의 경우 한 행의 모든 숫자의 합은 얼마일까?

N차 마방진의 경우 1부터 N^2까지의 숫자를 네모 안에 채워 넣어야 한다. 그리고 이 숫자들의 합은 가우스의 합의 공식으로 구할 수 있다.

모든 숫자의 합을 S라고 한다면 $S = (1 + N^2) \times N^2 \div 2$이다.

만약 각 행 혹은 각 열 숫자의 합이 e라면 $S = N \times e$이다. 그러므로 $e = (1 + N^2) \times N \div 2$가 된다.

그럼 과연 2차 마방진은 존재할까? 2차 마방진이 존재한다고 가정하고 A, B, C, D로 숫자 1, 2, 3, 4 네 개의 숫자를 대체한다. 만약 2차 마방진이 존재한다면 e는 얼마인가?

하나의 2차 마방진에서 e의 값은 5이다. 가로의 첫 번째 행은 $A + B = 5$, 가로의 두 번째 행은 $C + D = 5$, 대각선은 $A + D = 5$와 $C + B = 5$가 된다. 만약 두 개의 식을 서로 빼면 다음과 같은 식이 나온다.

$$B - D = 0$$

그러나 1, 2, 3, 4 네 개의 숫자 중 똑같은 두 개의 숫자가 없으므로 2차 마방진은 존재하지 않는다고 할 수 있다.

● 로피탈[19]의 정리: 각종 부정형을 해결하다

II장에서 '중요한 극한 중 두 번째'를 논의할 때 다음과 같은 의문이 생

---

⑲ 로피탈(Guillaume de L'Hospital, 1661~1704). 프랑스의 수학자. 일찍이 수학적 재능을 드러내어 15세에 파스칼의 사이클로이드 난제를 풀었고 요한 베르누이가 유럽에 도전장을 내민 최단 강하 곡선 문제를 풀었다. 그 이후 로피탈은 베르누이의 밑에서 미적분을 공부하였다.

긴 독자들도 있을 것이다. 만약 $\lim_{x\to 0}\frac{\sin x}{x}=1$이라면 왜 $x\to 0$을 $x=0$으로 보고 $\frac{\sin x}{x}$에 대입하여 계산하지 않는 것일까?

여기에서 한 가지 극단적인 상황이 생긴다. 이러한 상황을 일반적으로 '부정형'이라고 한다. 만약 $x=0$을 $\frac{\sin x}{x}$에 대입하면 $\frac{\sin 0}{0}=\frac{0}{0}$이 된다.

분모가 0인 식은 아무런 의미가 없고 수학 연산의 기본 상식에 부합하지 않는다고 간주한다. 이러한 계산식이 바로 부정형[20]이다. 만약 0분의 0 형식이 나올 경우 $x\to a$일 때 $f(x)$와 $F(x)$는 모두 0으로 가고 [$f(x)$와 $F(x)$는 무관하다], 둘의 도함수는 x가 a와 매우 근접하지만 같지 않을 때 모두 존재한다. 또한 $F'(x)\neq 0$이다.

$\lim_{x\to a}\frac{f'(x)}{F'(x)}$가 존재하기 때문에 $\frac{f(x)}{F(x)}=\frac{f(x)-f(a)}{F(x)-F(a)}=\frac{f'(\xi)}{F'(\xi)}$[21]이다.

위의 내용을 정리하면

$$\lim_{x\to a}\frac{f(x)}{F(x)}=\lim_{x\to a}\frac{f'(x)}{F'(x)}$$

가 바로 로피탈의 정리가 된다.

만약 $\frac{f'(x)}{F'(x)}$가 $x\to a$일 때 $x=a$를 $\frac{f'(x)}{F'(x)}$ 대신 넣으면 $\frac{f'(x)}{F'(x)}=\frac{0}{0}$이 된

---

[20] 부정형이란 '부합하지 않는다'는 의미이다. 일부 학자들은 이를 0분의 0의 형식으로 나타내기도 한다.

[21] 이를 '코시의 평균값 정리'라고 하고, 이때 ξ는 x와 a 사이에 있다.

다. 이때 다시 로피탈의 정리를 사용하면

$$\lim_{x\to a}\frac{f(x)}{F(x)} = \lim_{x\to a}\frac{f'(x)}{F'(x)} = \lim_{x\to a}\frac{f''(x)}{F''(x)}$$

가 된다. 이러한 상황은 a = ∞일 때에도 적용된다. 정리하면 위의 식을 다음과 같이 표시할 수 있다.

$$\lim_{x\to\infty}\frac{f(x)}{F(x)} = \lim_{x\to\infty}\frac{f'(x)}{F'(x)}$$

〈그림 4-8〉 로피탈

로피탈은 1696년 자신의 저서인 〈곡선을 이해하기 위한 무한소 해석〉에서 이 정리를 발표하였다.

이 법칙은 일정한 조건 하에 분자와 분모를 각각 미분한 다음 극한을 구하여 부정형인 식의 값을 확인하는 것이다. 그런데 훗날 이 정리는 사실 로피탈의 스승이었던 요한 베르누이가 발견한 것으로 밝혀졌다. 요한 베르누이(1667~1748)는 스위스 수학자 집안인 베르누이가의 일원이다. 베르누이가는 17세기에서 18세기까지 많은 인재를 배출한 집안이다. 그중에서도 자코브 베르누이, 요한 베르누이, 다니엘 베르누이가 가장 큰 성과를 남겼다. 요한 베르누이는 미적분의 발전에 큰 공헌을 하고 다수의 훌륭한 수학자들을 배출한 것으로 알려져 있다.

1691년 파리로 이주한 요한 베르누이는 로피탈을 만났다. 그는 1691년부터 1692년까지 2년 동안 로피탈에게 미적분을 가르쳤다. 이것을 인연으로 두 사람은 그 이후로도 수십 년간 연락을 주고받는 절친한 사이가 되었다. 1693년 요한 베르누이와 라이프니츠는 주로 수학 문제에 관한 의견을 편지로 주고받았다. 요한 베르누이는 라이프니츠의 충실한 옹호자였고 나중에 라이프니츠와 뉴턴의 미적분 발명에 관한 우선권을 다투는 논쟁에도 참여하게 되었다.

〈그림 4-9〉 요한 베르누이

삼각함수, 로그함수, 지수함수 및 적분을 사용해서 표현하는 함수 역시 요한 베르누이가 도입한 것이며, 로그함수가 지수함수의 역함수라는 사실을 밝혀낸 것도 요한 베르누이였다. 요한 베르누이의 연구 덕택에 미적분과 미분방정식이 빠르게 발전할 수 있었다. 1715년 베르누이는 라이프니츠에게 보낸 편지에서 현재 통용되는 세 개의 좌표평면에 공간 좌표계를 구축하는 방법을 서술하고 세 개의 좌표 변수를 이용한 방정식으로 곡면을 표시하는 방법을 제시하였다.

요한 베르누이가 생전에 백여 명의 학자들과 토론을 하면서 주고받은 편지는 2천 5백여 통이나 된다. 이들 편지는 수학계의 발전에 중요한 역할을 하였다. 요한 베르누이는 학자 양성에도 힘을 쏟았는데 18세기 수학계의 핵심적인 인물인 오일러 역시 요한 베르누이의 제자였다.

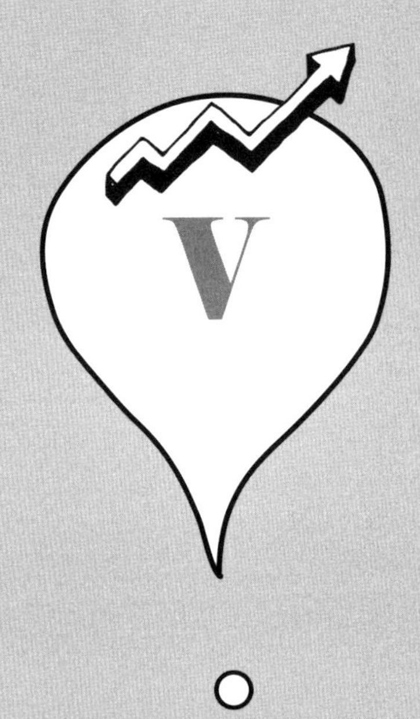

나는 주식왕

주식 시장의 기복

주식 시장은 아주 짧은 순간에도 많은 변화가 일어나는 곳이다. 어떤 주식의 가치가 올라갈지 떨어질지 예측할 수 있다면 얼마나 좋을까? 일반적으로는 주식 동향 그래프를 통해 주식의 상승 혹은 하락을 예측하는 것이 비교적 정확하다(주식 시장의 동향 변화는 거시 경제 발전, 법률 제정, 회사 운영 현황 등의 정보 등과 밀접한 관계가 있다.). 그렇다면 미적분을 이용해 주식 시장을 분석하려면 어떻게 해야 할까?

이 문제는 III장에서 소개했던 수학 모형처럼 실제 현상을 간소화하고 추상화하면 해결할 수 있다. 이렇게 하는 목적은 현상의 연구와 토론을 조금 더 쉽게 만들기 위해서이다. 우선 어떤 현상을 간소화시켜 연구하고 나중에 I장에서 해적들의 게임 모형을 분석할 때처럼 점점 형태를 복잡하게 만들어 실제 현상과 비슷하게 만드는 것이다. 지면에 한계가 있기 때문에 여기에서는 간소화하고 추상화한 수학 모형만을 논의하도록 한다.

곡선 맞춤

주식 동향 그래프를 통해 주식의 상승 혹은 하락을 예측하는 것이 꽤 정확하다고는 하지만 이미 간소화된 모형을 연구하기는 어렵다. 이 장에서는 II장에서부터 지금까지 해결하지 못한 문제를 풀어 보려고 한다.

II장에서는 지금까지 논의한 함수[①]들 중 대부분이 대응하는 함수 그래프를 그릴 수 있다고 이해했고, III장에서는 역함수일 때 원함수와 종속변수의 값만 알면 독립변수는 쉽게 구할 수 있다는 사실을 배웠다. 예를 들어 어떤 함수의 그래프를 구하였다면 이 그래프에 대응하는 함수식도 도출할 수 있다. 만약 이 함수가 일반적인 초등함수라면 원함수를 구하는 것은 그리 어렵지 않다. 주식 시장과 같은 실제 상황도 곡선 맞춤이라는 방법을 통해 가장 근접하고 오차가 없는 그래프를 도출해 낼 수 있다.

함수를 논하다

수학을 좋아하지 않고 심지어 수학이라면 치를 떠는 사람들이 가장 두려워하는 것이 바로 함수이다. 대부분의 사람들이 중학교 때 함수를 배우는데, 함수는 누구에게도 결코 쉬운 문제는 아니다. 이때부터 함수는 사람들의 공공의 적이 된다.

어떤 사람은 함수를 카메라에 비유하기도 한다. 카메라가 사진 찍히는 사람의 외모를 기록하는 과정을 반영하는 것과 비슷하기 때문이다. 사진을 찍는 과정은 사상, 사진의 원판은 종속변수, 사진 찍히는 사람은 독립변수인 셈이다. 만약 사진기가 움직이지 않는다면 사진을 찍히는 사람이 서 있는 위치는 일정한 범위가 있을 테고, 양쪽에 너무 치우치게 서 있다면 사진이 제대로 찍히지 않을 것이다. 이러한 범위는 함수의 정의역이라 할 수 있다.

---

① 이 책에서 논의한 범위 내의 함수.

물론 요즘에는 성능이 좋은 카메라가 많기 때문에 어떤 각도에서도 풍경을 모두 담아낼 수 있다. 이런 경우 정의역은 마이너스 무한대에서 무한대까지이다.

이러한 설명에도 불구하고 함수가 대체 어떤 것인지 완전히 이해하기 힘들 수도 있다. 그래서 사람들은 함수를 이해할 수 있는 더욱 재미있는 방법을 찾아냈다. 바로 곡선 맞춤을 통해 함수를 이해하는 것이다. 함수를 배울 때에는 일반적으로 I장에서처럼 함수 내용을 먼저 배우고 II장에서처럼 함수 그래프 그리는 법을 배운다. 이러한 방법은 논리적으로 문제가 없지만 각종 영문 기호를 이해하지 못하는 사람들에게는 오히려 혼란을 가중시킬 수 있다. 함수의 내용을 먼저 배운 사람은 간단한 초등 함수 정도야 어떻게든 알아보지만 조금만 복잡해지면 전혀 알아볼 수 없게 된다.

그래서 누군가 거꾸로 함수를 배우는 방법을 생각해 냈다. 먼저 그래프를 그린 다음 그래프에 해당하는 함수식을 구하는 방법이다. 그런데 이러한 방법의 가장 큰 단점은 디리클레Peter Gustav Lejeune Dirichlet[②] 함수[③]처럼 그래프를 그리기 힘든 함수에는 적용할 수 없다는 점이다.

---

② 디리클레(Peter Gustav Lejeune Dirichlet, 1805~1859). 독일의 수학자로 수론, 수학 분석, 수학 물리학 발전에 큰 공헌을 했고 해석수론의 창시자 중 한 명이다.

③ 디리클레 함수는 정의역이 실수고 치역이 연속하지 않는 우함수를 뜻한다. 이 함수는 모든 구간이 연속하지 않고 극한이 존재하지 않으며 적분할 수 없다. 어떤 이들은 이 함수의 그래프가 존재하지 않는다고 생각하지만 이는 잘못된 주장이다. 현재까지의 연구 범위 내에서는 모든 함수식은 대응하는 그래프가 존재한다고 알려져 있다. 수학적으로도 그래프가 없는 것과 그래프를 그릴 수 없는 것은 완전히 다른 개념이다. 정확한 그래프를 그릴 수 없는 함수라고 해서 그래프가 존재하지 않는 것은 아니다.

일반적인 직선과 수직선

II장에서 배운 것처럼 일반적인 직선은 데카르트 좌표계에서 다음 같은 식으로 나타낼 수 있다.

$$y = kx + b$$

여기에서 k는 직선의 기울기이고 $y' = k + 0 = k$이다. 다시 말해 직선의 기울기는 일차함수의 도함수이다. 그러나 수직선의 경우 함수도 아니고 도함수도 없으므로 $y = kx + b$에 대입할 수 없다. 이를 $x = b$라고 표시한다. 이렇게 표시하면 직선의 기울기가 없고 도함수도 구할 수 없다는 사실을 알 수 있다(여기에서 변수 x는 언제나 하나의 상수이므로 x에 대한 도함수를 구할 수 없다.). 한 직선을 묘사하는 방법은 무려 여덟 가지④나 된다. $y = kx + b$ 식을 이용해 묘사하는 방법을 기울기-절편 식이라 부른다. 그 이유는 k가 마침 $y = kx + b$의 기울기이고 b는 $y = kx + b$와 세로축의 교차점에서 원점까지의 거리⑤(절편)를 나타내기 때문이다.

그 밖에도 $y = kx + b$와 $x = b$를 통일한 방법도 있다.

---

④ 중국식 표현으로 점-경사식, 절편식, 두 점식, 일반식, 경사-절편식, 법선식, 점향식, 법향식 등이다.

⑤ 절편이라고 부르는 것이 정확하다. 그 이유는 거리는 정수와 0과 같이 마이너스가 아닌 수만 될 수 있기 때문이다. 교차점이 y축의 양의 부분에 있을 때 절편은 교차점에서 원점까지의 거리이다. 교차점이 y축의 음의 부분에 있을 때 절편은 교차점에서 원점까지의 거리와 반대수이다.

$$ax + by + c = 0$$

$ax + by + c = 0$을 직선의 일반형이라고 부른다. 그 이유는 데카르트 좌표계에서 모든 직선은 일반형으로 표시할 수 있기 때문이다. 한 가지 주의할 점은 일반형에서 a와 b의 값이 동시에 0이 되어서는 안 된다. 또한 일반형 $ax + by + c = 0$에서 b와 기울기-절편식 $y = kx + b$ 및 기울기-절편식으로 나타내지 못하는 직선 $x = b$의 b가 같은 의미여서는 안 된다. 일반형의 b는 y의 계수일 뿐 절편으로서의 의미는 없다.

기하 영역에서 (겹치지 않는) 두 개의 점은 하나의 직선이 된다. 그렇다면 어떤 함수식이 기울기-절편식이라면 두 점의 좌표를 통해 이 직선을 확인할 수 있다.

원

여러 원의 정의가 있지만 그중 가장 대표적인 것은 두 가지이다. 첫 번째는 같은 평면에서 지정된 지점까지의 같은 거리에 있는 점들의 집합이고, 두 번째는 직선이 기점을 중심으로 한 바퀴 돌면서 그려낸 궤적이다. 두 번째 정의를 살펴보면 〈그림 5-1〉처럼 더 이상 늘어나지 않는 줄의 한쪽 끝은 펜에 묶고 한쪽 끝은 종이 위의 기점에 고정시켜서 원을 그리는 방법이다.

〈그림 5-1〉

〈그림 5-2〉이 바로 원점을 원의 중심으로 하여 그린 원이다. 원 위의 모든 좌표는 피타고라스의 정리를 이용해 표시할 수 있다. 즉 가로좌표(x좌표)의 제곱과 세로좌표(y좌표)의 제곱을 더하면 반지름의 제곱이 된다.

$$x^2 + y^2 = r^2$$

만약 중심이 원점에 있지 않다면 식의 x좌표의 제곱을 x좌표와 중심 x좌표의 차를 제곱한 것으로 바꿔야 한다. 마찬가지로 y좌표의 제곱은 y좌표와 중심 y좌표 차의 제곱으로 바꾼다. 중심의 좌표가 (x_0, y_0)이라면 $(x - x_0)^2 + (y - y_0)^2 = r^2$이 되는 것이다.

피타고라스의 정리가 무엇이었는지 잘 기억나지 않는다면 〈그림 5-3〉을 관찰해 보자. 풍차처럼 생긴 이 그림은 삼각 분할 그림이라고 불린다. 이 중 네 개의 직각삼각형은 모두 크기가 동일하다.

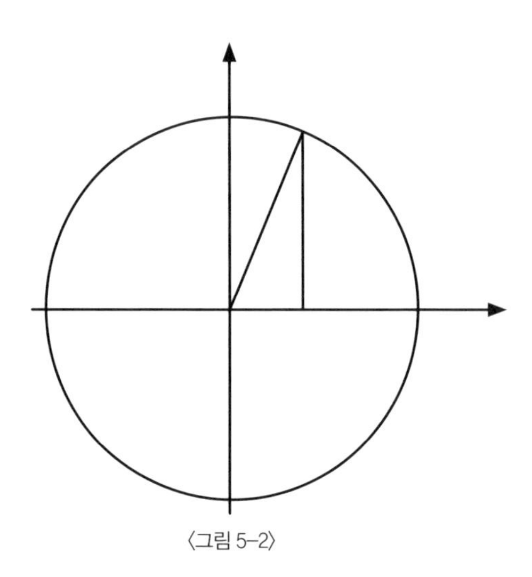
〈그림 5-2〉

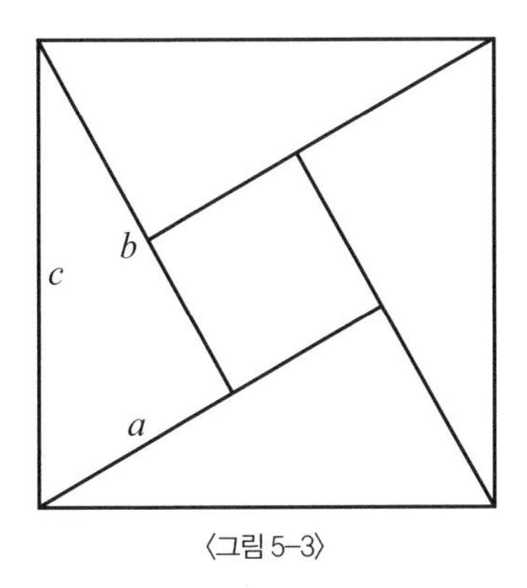

〈그림 5-3〉

모든 직각삼각형의 짧은 변의 길이를 a라 하고 또 다른 변의 길이를 b, 빗변의 길이를 c라 하자. 그렇다면 a, b, c 사이에는 어떤 관계가 있을까?

먼저 안에 있는 작은 정사각형 한 변의 길이는 직각삼각형의 긴 변에서 짧은 변을 뺀 값, 즉 $b-a$로 정사각형의 넓이는 $(b-a)^2$이다. 그 밖에 네 개의 직각삼각형의 넓이는 짧은 변과 긴 변을 곱하여 2로 나눈 값, 즉 $\frac{ab}{2}$로 직각삼각형 네 개의 총 넓이는 $2ab$가 된다. 마지막으로 큰 정사각형의 넓이는 직각삼각형 빗변의 제곱, 즉 c^2이라고 표시하거나 $(b-a)^2+2ab$라고 표시할 수 있다. 이렇게 되면 $c^2=(b-a)^2+2ab$가 되고 다시 정리하면 $a^2+b^2=c^2$이 된다.

원에서 타원까지

앞에서 설명한 것처럼 모든 원은 다음과 같은 식으로 나타낼 수 있다.

$$(x - \text{중심의 } x\text{좌표})^2 + (y - \text{중심의 } y\text{좌표})^2 = \text{반지름}^2$$

위의 식에서 한글 부분을 수학 기호로 바꿔 정리해 보자.

$$(x - x_0)^2 + (y - y_0)^2 = r^2$$

〈그림 5-4〉처럼 늘어나지 않는 줄의 양쪽 끝을 각각 압정으로 고정하면 타원을 그릴 수 있다.

〈그림 5-4〉

두 개의 압정으로부터 펜까지의 거리는 고정된 길이이다. 이미 알고 있는 독자들도 있겠지만 타원에 관한 일반적인 방정식은 다음과 같다.

$$\frac{x^2}{a^2} + \frac{y^2}{b^2} = 1$$

타원의 크기를 계산해 본 경험이 없다면 조금 특수한 방법으로 이 방정식을 검증해 볼 수 있다. 〈그림 5-5〉에 보이는 것은 타원이다. 원을 그릴 때 고정된 지점을 원의 중심이라 불렀다면 타원을 그릴 때 압정으로 고정된 두 개의 지점을 초점이라 한다.

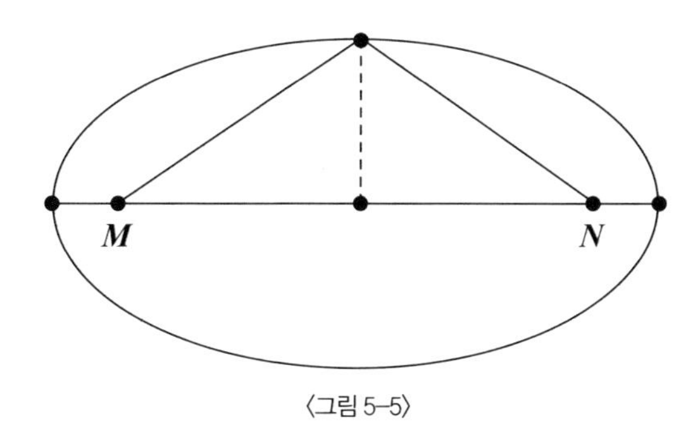

〈그림 5-5〉

타원을 원래 반지름이 1인 원이라고 생각해 보자. 이 원이 x축의 방향으로 a만큼 압축되고 y축의 방향으로 b만큼 압축되어 레몬 모양처럼 된 것이다.

반지름이 1인 원의 방정식은 다음과 같다.

$$x^2 + y^2 = 1$$

만약 이 원이 눌려서 모양이 변하였다면 방정식도 다음과 같이 변한다.

$$\left(\frac{x}{a}\right)^2 + \left(\frac{y}{b}\right)^2 = 1$$

이 식을 정리하면 타원의 표준 방정식이 구해진다.

$$\frac{x^2}{a^2} + \frac{y^2}{b^2} = 1$$

만약 모양이 변하기 전 원의 반지름이 1이 아니라면 등식의 양쪽을 원의 반지름 제곱으로 나눠서 방정식을 구하면 된다.

3차 스플라인(다항식 곡선)

주식 동향 그래프는 단순한 직선이 아니다. 물론 원이나 타원 모양도 아닐 것이다. 학자들은 수없이 많은 실험과 논증을 통해 3차 스플라인이라는 곡선이 주식 동향처럼 규칙이 명확하지 않은 그래프를 가장 잘 나타낼 수 있다는 것을 발견하였다. 3차 스플라인의 식은 3차함수의 표준 방정식과 같다.

$$y = ax^3 + bx^2 + cx + d$$

3차 스플라인 외에 2차 스플라인, 4차 스플라인도 있다. 그러나 곡선 맞춤의 경우 계산이 복잡한 정도와 최종 곡선 그래프의 유사한 정도를 고려하면 4차 스플라인 등 3차 초과의 스플라인 계산은 너무 복잡하고, 2차 스플라인 등 3차 미만의 스플라인 그래프는 실제 상황과 다소 거리가 있다. 그래서 이런저런 상황을 종합적으로 고려해 곡선 맞춤에는 3차 스플라인을 사용하는 것이다. 그 밖에도 곡선 맞춤 방법으로 부정적분을 구하는 방법도 있다. 이러한 방법으로 맞춤된 곡선은 더욱 명확하고 계산하기 편리하다. 이 내용에 관해서는 VI장에서 좀 더 상세히 설명하겠다.

스플라인을 쉽게 이해하려면 마음대로 구부러지는 밧줄을 압정으로 고정해 밧줄의 곡선을 확인하는 방법이 있다. 2차 스플라인의 경우 압정을 세 개 꽂아 밧줄의 곡선을 확인하고 3차 스플라인의 경우 압정을 네 개 꽂아 밧줄의 곡선을 확인한다. 이로써 N차 스플라인의 곡선을 확인하기 위해 밧줄에 꽂아야 하는 압정의 수는 $N+1$이라는 사실을 알 수 있다.

다시 말해 $y = ax^3 + bx^2 + cx + d$에서 확인해야 하는 미지수는 a, b, c, d 총 네 개이다. 그러므로 최소한 네 개의 점으로 이 곡선을 확인해야 한다. 두 개의 점으로 직선을 확인하는 것과 같은 원리이다. 직선은 두 개의 점으로 확인할 수 있기에 직선은 일차함수 그래프라고 이해할 수 있다. 1차 스플라인(직선)을 두 개의 점으로 확인할 수 있다면 3차 스플라인은 네 개의 점으로 확인할 수 있다.

주식 동향 그래프의 경우 네 개의 점을 어떻게 선택하느냐가 관건이다. 그래프에서 전환이 비교적 큰 지점이나 핵심적인 지점을 표준 방정식에 대입해야 한다. 이때 사용할 수 있는 편법이 하나 있다. 바로 네 개의 지점을 선택해 표준 방정식에 대입하고 맞춤해서 다섯 번째 지점을 선택하고, 이 지점의 가로 좌표를 대입해 맞춤한 곡선을 구한 다음 이 지점들이 곡선 위에 있는지 확인하는 것이다. 만약 선택한 지점이 곡선 위에 있거나 아주 근접한 위치에 있다면 네 개의 지점이 모두 합리적인 것이라고 간주한다. 반대로 곡선에서 많이 벗어나 있거나 완전히 다른 곳에 있다면 다시 네 개의 지점을 선택해야 한다.

하지만 현실에서는 주식 시장의 변화는 거시 경제의 발전, 법률 제정, 회사의 운영 상황 등과 밀접하게 연관되므로 방정식을 사용해서 나타내는 수학 모형을 만들기 어렵다. 그러므로 여기에서 다루는 내용은 가상의 이상적인 주식 시장에 관한 것이다.

일정 시간 동안의 주식 시장 동향을 방정식 $y = \frac{1}{3}x^3 + \frac{1}{2}x^2 + 5$라고 가정해 보자. 만약 가장 안정적으로(리스크가 가장 낮은) 투자를 하려면 언제 주식을 매입해야 할까?

함수의 단조성과 변곡점

여기에서 논의하는 이상적인 주식 동향 그래프는 〈그림 5-6〉과 같다. 언제 주식을 매입해야 하는지 알아보기에 앞서 먼저 함수의 단조성에 대해 알아보기로 하자. 함수 그래프는 어떤 구간에서는 상승하고 어떤 구간에서는 하락하는 모습을 보여 준다. 또 어떤 그래프는 상승과 하락을 반복하는 것도 있다. 바로 이런 그래프가 우리가 알아보려는 주식 동향 그래프와 비슷하다.

그래프가 어떤 구간에서 줄곧 상승하는 추세라면 주가가 상승하고 있다는 의미이다. 그러므로 주식을 매입하려면 이렇게 상승 추세가 나타나기 전에 매입해야 한다. 반대로 그래프가 어떤 구간에서 줄곧 하락하는 추세라면 주가가 하락하고 있다는 의미이므로 투자 리스크를 줄이려면 이러한 추세가 나타나기 전에 주식을 매도해야 한다.

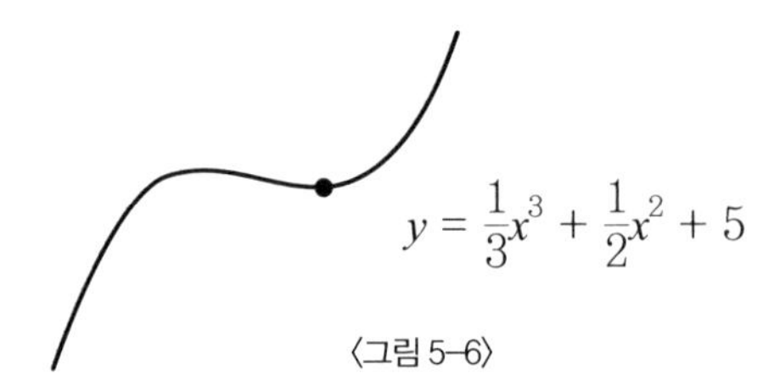

〈그림 5-6〉

사람들은 누구나 주가가 계속 상승하기를 바란다. 이처럼 줄곧 상승하는 현상을 수학에서는 단조 증가라 부른다. 글자 그대로의 의미는 증가 폭과 상관없이 영원히 증가한다는 뜻이다. 반대로 주가가 계속 하락하기도 하는데, 이러한 현상은 단조 감소라고 부른다. 즉, 줄곧 하락하고 감소하는 상태를 일컫는다.

1계 도함수로 기울기를 표시하는 방법을 이용하면 주가가 상승할 때의 기울기는 0보다 크다는 사실을 알 수 있다. 다시 말해 맞춤한 주식 동향 그래프에 대응한 함수 곡선 위 어떤 지점의 기울기가 0보다 크다면 주가가 상승하고 있고 단조 증가 현상이 나타나고 있다고 이해하면 된다. 마찬가지로 기울기가 0보다 작다면 주가가 하락하고 단조 감소 현상이 나타나고 있는 것이다. 상승 혹은 하락하는 과정에서 아주 짧은 시간 동안 정체하는 경우도 있다. 주식 시장에서 상한가를 치거나 하한가를 기록하는 경우이다. 등락 제한 제도는 주식 거래 가격의 폭등과 폭락을 막기 위해 만들어졌다. 그러나 잠깐의 정체가 더 이상 상승하지 않는다거나 하락하지 않을 것임을 의미하지는 않는다.

이러한 현상은 어떤 함수의 도함수가 0인 것에 비유[⑥] 할 수 있다. 단 앞뒤 지점의 도함수는 양수 혹은 음수이다. 〈그림 5-7〉에서 보듯이 아주 짧은 시간 동안 정체한다고 해서 그래프의 전체적인 하락 추세가 변

〈그림 5-7〉

⑥ 주식 시장에서 상한가를 치거나 하한가에 도달했을 때 잠시 정체하는 것은 함수의 변곡점 개념과 완전히 같지는 않다. 여기에서는 단지 주식 시장의 비유를 들어 변곡점의 개념을 설명하려는 것뿐이고 주식 시장의 상한가와 하한가 지점이 함수의 변곡점과 반드시 일치하지는 않는다.

하지는 않는다. 주식 동향 그래프에 이러한 정체 현상이 나타난다면 더욱 주의를 기울여야 한다. 이러한 정체를 반등의 가능성으로 오해하는 경우도 많기 때문이다. 이처럼 도함수가 0이고 좌우 양쪽 함수 그래프의 추세를 변화시키지 않은 지점을 변곡점이라고 부른다. 변곡점은 주식 시장에서 때로는 반등의 가능성으로 오해받기도 하는데, 결과적으로 보면 계속 하락하는 추세가 나타난다. 그러므로 함수 그래프 상에서나 주식 시장에서 변곡점이 나올 경우에는 한 번 더 생각해 봐야 한다.

극값

앞에서 함수의 어떤 지점의 도함수가 0이고 좌우 인근 지점의 도함수가 모두 양수이거나 음수일 때 이 지점을 변곡점이라 부른다고 하였다. 그런데 이러한 변곡점 외에 극값이라는 것도 있다. 극값일 때에도 도함수는 0이지만 좌우 인근 지점의 도함수 부호는 반대가 된다. 이러한 지점을 주식 시장에서는 반등의 시작 혹은 하락의 시작 지점으로 본다.

수학에서 반등의 시작점을 나타내는 극값은 수치가 비교적 작으므로 '극솟값'이라고 부르고 반대로 하락의 시작점을 나타내는 극값은 '극댓값'이라고 부른다.

주식 동향 그래프를 맞춤해 얻은 함수는 반드시 연속이다. 만약 3차 스플라인으로 맞춤하면 이 함수는 어떤 지점의 근방 영역에서 모두 미분할 수 있다. 어떤 극값 좌측의 도함수가 0보다 크다면 우측의 도함수는 0보다 작고,

이 극값은 극댓값이자 하락의 시작점이라 볼 수 있다. 반대로 어떤 극값 좌측의 도함수가 0보다 작다면 우측의 도함수는 0보다 크고, 이 극값은 극솟값이자 반등의 시작점이라 볼 수 있다.

극값을 구할 때 1계 도함수[7] 구하는 방법을 세 번씩 사용하는 것은 어떻게 보면 비효율적이다. 그래서 여기에서는 극한의 성질을 이용해 극값을 도출하는 방법을 소개하도록 하겠다.

함수의 어떤 지점의 1계 도함수가 0이라는 사실을 알고 있다면 이 함수의 1계 도함수를 새로운 함수라 생각하고 다시 미분한다. 그러면 2계 도함수를 구할 수 있다. 그리고 다음과 같이 도출하면 된다.

만약 $f''(x) < 0$이라면, $f''(x_0) = \lim_{x \to x_0} \frac{f'(x) - f'(x_0)}{x - x_0} < 0$이고 극한 계산의 성질을 이용하면 $\frac{f'(x) - f'(x_0)}{x - x_0} < 0$을 도출할 수 있다.

$x = x_0$에서의 1계 도함수가 0이라는 사실을 알고 있다면 $f'(x_0) = 0$이라고 표시한다.

그러므로 $\frac{f'(x) - f'(x_0)}{x - x_0} < 0$은 $\frac{f'(x)}{x - x_0} < 0$이다.

이렇게 하면 $f'(x)$와 $x - x_0$ 좌우측 영역의 부호가 반대라는 것을 알 수 있다. $x - x_0 < 0(x < x_0)$일 때 $f'(x) > 0$, 즉 극값 좌측의 도함수는 0보다 크다. $x - x_0 > 0$ $(x > x_0)$일 때 $f'(x) < 0$, 즉 극값 우측의 도함수는 0보다 작다. 그럼 이제 $f''(x_0) > 0$을 유추할 수 있다.

마지막으로 다음과 같은 결론에 도달할 수 있다.

---

⑦ 도함수를 2계 도함수, 3계 도함수와 같은 표현으로 나타내기 위해 1계 도함수라고 한다.

만약 어떤 함수에 2계 도함수가 있고 $f'(x) = 0$이라면,

$f''(x_0) < 0$일 때 함수는 $x = x_0$에서 극대이고, $f''(x_0) > 0$일 때 함수는 $x = x_0$에서 극소이다.

그래서 1계 도함수를 구한 다음 2계 도함수를 구하고 해당 지점에서 2계 도함수가 0보다 큰지 작은지만 확인하면 된다. 다시 말해 해당 지점에서 극대인지 극소인지를 보면 된다. 해당 지점이 극댓값이라면 주가가 곧 하락할 것이므로 서둘러 매도해야 한다.

더 좋은 주식: 볼록성

이제 어떤 때 주식을 매입하고, 어떤 때 매도해야 하는지 이해하였다. 그러나 상승하고 있는 주식을 매입하고 하락하고 있는 주식을 매도한다고 해서 반드시 돈을 벌 수 있는 것은 아니다. 주식은 외부의 다양한 요소에 쉽게 영향을 받기 때문이다. 그리고 주식의 상승과 하락보다 더욱 중요하게 생각해야 할 문제가 있다. 그것은 주식이 상승하고 있을 때 상승의 어떤 단계에 있는지, 하락하고 있을 때 하락의 어떤 단계에 있는지 아는 것이다. 앞에서 설명했듯이 주식 동향 그래프를 맞춤했을 때 나온 함수가 $f(x)$라면 $f(x)$의 1계 도함수 $f'(x)$는 0보다 클 때 주가가 상승하고 있는 것이다. 그러나 어떤 주식은 가치가 상승하고 있지만 곧 하락세로 전환될 것 같은 것도 있다. 또 이제 막 반등세로 접어들었지만 상승폭이 아주 작은 주식도 있다. 이런 주식은 과연 사도 괜찮을까? 이것은 1계 도함수 $f'(x)$ 단계에서는 쉽게 판단할 수 없다.

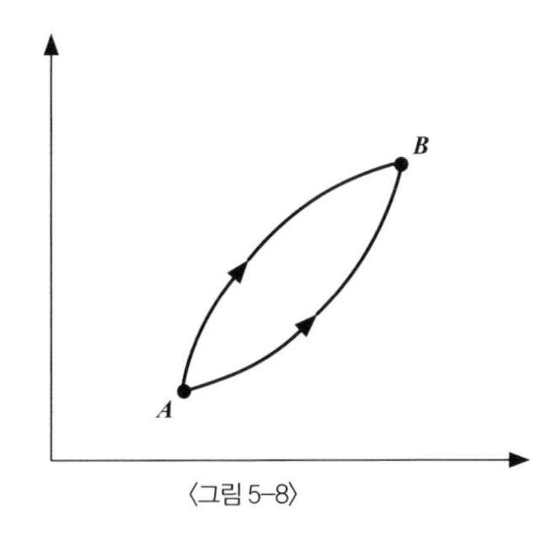

〈그림 5-8〉

〈그림 5-8〉에서 두 개의 곡선은 *A*, *B* 두 지점에서 교차한다. 그런데 두 곡선의 상승 추세는 전혀 다르다. 중간 앞쪽을 먼저 살펴보면 위에 있는 곡선은 상승폭도 크고 대응하는 기울기도 크다.

이제 중간 뒤쪽을 살펴보면 위에 있는 곡선의 상승폭이 그다지 이상적이지 않으며 곧 *B* 지점을 지나고 나면 하락세로 전환될 것이라는 사실을 예측할 수 있다. 그러므로 중간 뒤쪽 시점에서 위쪽 곡선이 나타내는 주식을 매입하면 손해가 아닐까?

한편 위쪽 곡선이 *B* 지점을 지나고 난 뒤 하락세로 전환될 것이라는 예측을 직감에만 의존해서는 안 된다. 반드시 수학적인 계산을 통해 곡선이 나타내는 주식을 매입할 가치가 있는지 증명할 수 있어야 한다. 이를 위해 먼저 함수의 새로운 개념인 볼록성과 전환점에 대해 살펴보기로 하자. 앞서 함수의 단조 증가가 주가의 상승을 의미한다면 단조 감소는 주가의 하락을 의미한다고 하였다. 그렇다면 볼록성과 전환점은 주가의 상승 혹은 하락하는 과정에서 어떤 단계에 속해 있는지를 나타낸다.

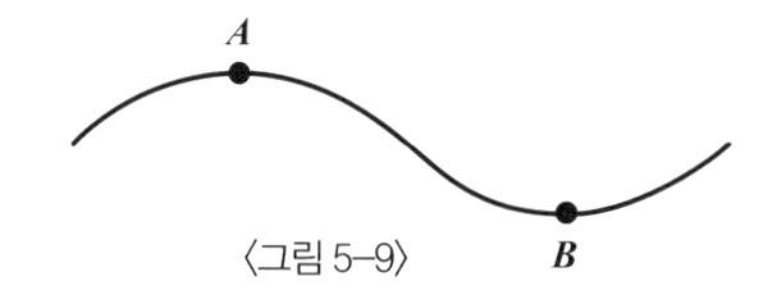

〈그림 5-9〉

〈그림 5-9〉에서 A는 곡선의 극대점이고 B는 곡선의 극소점이다. x_A와 x_B를 이용해 A, B 두 지점의 좌표를 나타내면 다음과 같다.

$$f''(x_A) < 0, \qquad f''(x_B) > 0$$

이것은 2계 도함수를 이용해 극대점과 극소점을 판단하는 방법으로 확인한 것이다. 어떤 함수에 1계 도함수와 2계 도함수가 있다면 이 함수의 극대점 부근의 그래프는 돌출되어 있을 것이고 마찬가지로 극소점 부근의 그래프는 움푹 들어가 있을 것이다.

그러므로 증명 과정을 거치지 않더라도 $f''(x_0) < 0$일 때 함수는 x_0 지점 부근에서 돌출되어 있고 $f''(x_0) > 0$일 때 함수는 x_0 지점 부근에서 움푹 들어가 있다는 사실을 알 수 있다.

왜 $f''(x_0) < 0$일 때 x_0 지점 부근에서 돌출되어 있고, $f''(x_0) > 0$일 때 x_0 지점에서 움푹 들어가 있는지 알고 싶다면 해결 방법은 아주 간단하다. 종이에 〈그림 5-10〉과 같은 그래프를 그리기만 하면 된다.

$\overset{\frown}{ACB}$는 $f(x)$함수의 일부분이다. 이 함수가 $\overset{\frown}{ACB}$ 부분에서 돌출되어 있다는 것을 증명하고 싶다면 먼저 A, B 두 지점을 연결하고 이 직선의 중간 지점 D를 구한다. 그런 다음 중간 지점을 통과하고 x축과 수직하는 직선을 그린다.

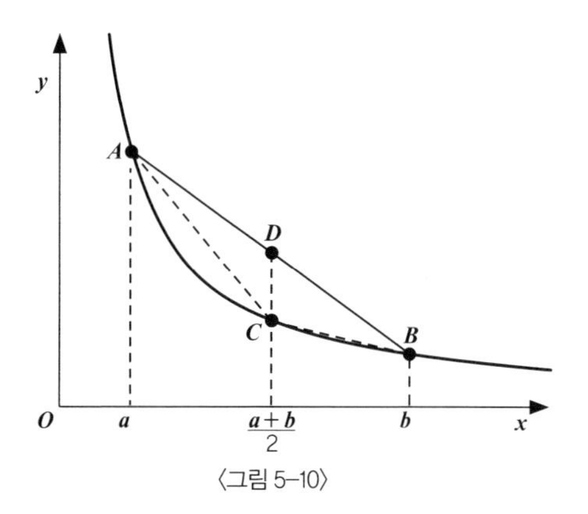

〈그림 5-10〉

이 수직선과 $\overset{\frown}{ACB}$가 교차하는 지점이 C이다. 이렇게 되면 '함수 $f(x)$가 $\overset{\frown}{ACB}$ 부분에서 돌출하고 있다는 증명'이 'C의 y좌표가 AB 직선의 중간점 D의 y좌표보다 작다는 증명'으로 바뀌게 된다.

A 지점의 x좌표를 소문자 a로, B 지점의 x좌표를 소문자 b로, C 지점의 x좌표를 소문자 c로 표시하기로 하자. 지난 장에서 배운 라그랑주의 평균값 정리에 따라 다음과 같이 식을 정리할 수 있다.

$$\frac{f(c) - f(a)}{c - a} = f'[a + k_1(c - a)]$$

$$\frac{f(b) - f(c)}{b - c} = f'[c + k_2(b - c)]$$

여기에서 k_1과 k_2는 0부터 1 사이의 계수를 나타낸다. 이를 c와 함께 조합하면 $A \to C$와 $C \to B$ 구간 내의 어떤 수치를 나타낸다. 다시 말해 라그랑주의 평균값 정리의 문자 표현을 계산식에 응용한 것이다.

심화 문제

라그랑주의 평균값 정리를 이용해서 $f''(x_0) < 0$ 일 때, 함수는 x_0 지점에서 볼록하다는 것을 증명하고 〈그림 5-11〉과 함께 설명해 보라.

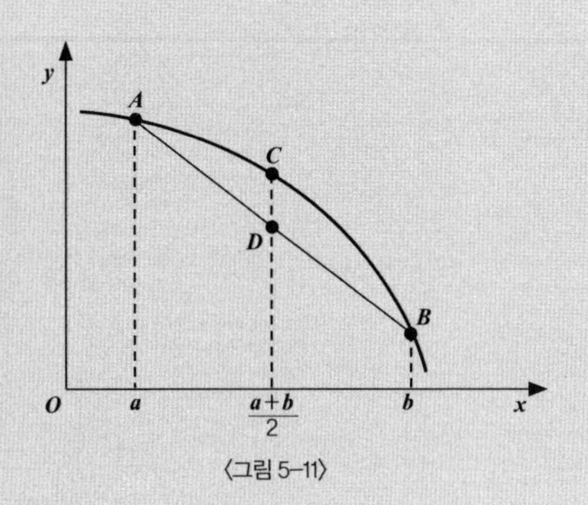

〈그림 5-11〉

케이크는 몇 조각으로 나눠야 할까?

커다란 케이크를 한 번 자르면 두 조각이 나오고, 두 번 자르면 네 조각, 세 번 자르면 여덟 조각이 된다. 그럼 케이크를 네 번 자르면 몇 조각이 나올까? 또 N 번 자르면 몇 조각이 나올까?

수학적 사고

어떻게 하면 라그랑주의 평균값 정리를 통해,

$\frac{f(c)-f(a)}{c-a}=f'[a+k_1(c-a)]$와 $\frac{f(b)-f(c)}{b-c}=f'[c+k_2(b-c)]$ 같은 식이 나오는지 궁금해하는 독자들도 있을 것이다.

앞에서 소개했던 라그랑주의 평균값 정리 식은 다음과 같았다.

$$\frac{f(b)-f(a)}{b-a}=f'(\xi)$$

Ⅳ장에서 ξ는 a, b 사이의 어떤 불확실한 지점이라고 설명한 적 있다. 그런데 ξ를 사용하지 않고도 라그랑주의 평균값 정리를 표시할 수 있을까? 물론이다.

$$\frac{f(b)-f(a)}{b-a}=f'[a+k(b-a)]$$

여기에서 k는 0에서 1 사이의 계수이다.

$k=0$일 때, $f'[a+k(b-a)]=f'(a)$이고

$k=1$일 때, $f'[a+k(b-a)]=f'(a+b-a)=f'(b)$이다.

이렇게 하면 $a+k(b-a)$로 ξ를 표시할 수 있고

$\frac{f(c)-f(a)}{c-a}=f'[a+k_1(c-a)]$와 $\frac{f(b)-f(c)}{b-c}=f'[c+k_2(b-c)]$ 같은 식이 만들어질 수 있는 것이다.

●볼록성 판단 방법

어떻게 하면 $\frac{f(c)-f(a)}{c-a}=f'[c-k_1(c-a)]$[⑧]와 $\frac{f(b)-f(c)}{b-c}=f'[c+k_2(b-c)]$ 같은 식이 나오는지 알아봤다.

만약 C 점이 선분 AB의 중점의 위치에 있다면 $c-a=b-c$라는 사실을 알 수 있다. 두 개의 식을 서로 빼면 다음과 같은 식이 만들어진다.

$$\frac{f(a)+f(b)-2f(c)}{b-c}=f'[c+k_2(b-c)]-f'[c-k_1(b-c)]$$

등식의 우측에 있는 $f'[c+k_2(b-c)]-f'[c-k_1(b-c)]$는 라그랑주 평균값 정리의 형식이다. 여기에 다시 라그랑주의 평균값 정리를 사용하면 다음과 같은 식으로 변한다.

$$\frac{f'[c+k_2(b-c)]-f'[c-k_1(b-c)]}{b-c}=f''(x_0)(k_1+k_2)$$

k_1과 k_2가 각각 0에서 1 사이의 계수를 나타내기 때문에 $k_1+k_2>0$이고 $b-c>0$이다. 그러므로 $f''(x0)>0$일 때 아래와 같은 식이 성립한다.

$$f'[c+k_2(b-c)]-f'[c-k_1(b-c)]>0$$

---

⑧ 열린 구간 (a, c)에 있는 임의의 값 $a+k_1(c-a)(0<k_1<1)$을 이용하여 $f'[a+k_1(c-a)]$로 표현해도 되지만 여기서는 뒤의 식과의 계산을 위해 $c+k_1(a-c)=c-k_1(c-a)(0<k_1<1)$를 이용하여 $f'[a+k_1(c-a)]$로 표현하였다.

$$\frac{f(a)+f(b)-2f(c)}{b-c} = f'[c+k_2(b-c)] - f'[c-k_1(b-c)]$$이고

$b-c>0$일 때 $f(a)+f(b)-2f(c)>0$을 유추할 수 있다.

그래서 $\frac{f(a)+f(b)}{2} > f(c)$가 된다.

$\frac{f(a)+f(b)}{2}$는 A, B 중점의 y좌표를 나타내므로 $f(c)$는 C 지점의 y좌표이다. 그러므로 $f''(x_0)>0$일 때 함수는 x_0 지점 부근에서 움푹하다는 것을 증명할 수 있다.

이처럼 주식 동향 그래프가 나타내는 볼록성을 통해 어떤 주식이 이제 막 반등을 시작했는지, 상승하고 있기는 하지만 곧 극대점을 찍고 하락세로 전환할 것인지 등을 판단할 수 있다.

그러나 주식 시장의 구체적인 상승과 하락은 계산만으로는 정확히 판단할 수 없으며 여러 가지 요소를 함께 고려해야 한다.

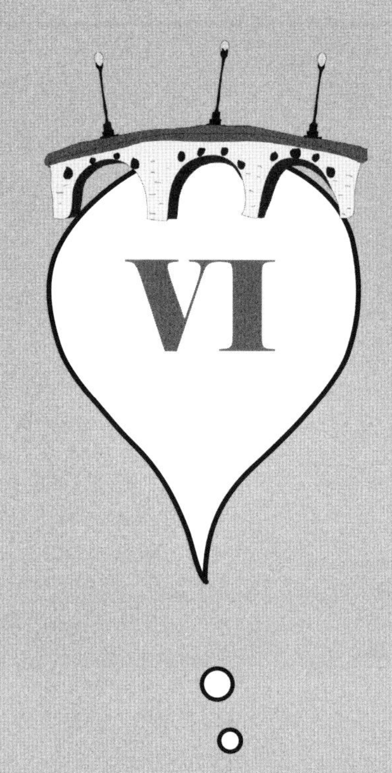

우리 마을에 아치형 다리를 세우자

자오저우교(趙州橋)

세계에서 가장 오래된 석교(石橋)는 수나라 때 이춘(李春, 581~618)이 건축한 자오저우교(趙州橋)이다. 자오저우교는 지금으로부터 1400여 년 전인 605년에 지어졌으며, 지금까지도 보존이 잘 되어 있는 오픈식 아치형 돌다리이다. 자오저우교는 지금까지 여덟 차례의 지진을 겪고도 강물 위에 끄떡없이 서 있다. 이번 장에서는 자오저우교와 같은 오픈식 아치형 돌다리가 어떻게 설계되었는지 알아보기로 하자.

〈그림 6-1〉 자오저우교

또 다른 곡선 맞춤

먼저 아치형 돌다리를 〈그림 6-2〉처럼 추상적인 그림으로 나타낼 수 있다. 그러나 이 곡선은 완전한 선이 아니기 때문에 V장에서처럼 맞춤으로 나타낼 수 없다. 다시 말해 이러한 경우 곡선 위에 임의적인 지점의 좌표를 알 수 없다(아치의 설계는 다리가 건축되기 전에 완성되므로 정확한 좌표를 측정할 수 없기 때문이다.). 그러므로 새로운 방법으로 대략적인 해석식[①]을 도출해야 한다.

〈그림 6-2〉

자세히 관찰[②]해 보면 이 곡선의 기울기는 균등하게 변하고 있다는 사실을 알 수 있다. 곡선의 기울기는 $+\infty$(양의 무한대)에 매우 근접한 하나의 값에서 선형으로 $-\infty$(음의 무한대)에 매우 근접한 값으로 감소[③]하고 있다. 기울기 변화를 함수로 표현하면 $f(x) = kx$가 된다. 어째서 $f(x) = kx + b$가 아니라 $f(x) = kx$일까? 일반적으로 돌다리의 아치는 정중앙에 위치하고 아치의 가장 높은 부분의 기울기는 0, 즉 아치의 가장 높은 부분은 수평이기 때문이다. 만약 돌다리의 아치가 정중앙에 있다면 b의 값은 0이 되므로 생략할 수 있

---

① 대략적인 해석식이라는 것은 식의 정확도가 떨어진다는 의미가 아니다. 아치의 높낮이와 너비는 실제 측정을 통해 결정되는 것이기 때문이다. 그러므로 여기에서는 측정 후 결정되는 수치를 알파벳의 형식으로 표시하고 참고할 만한 아치형 돌다리 설계 모형을 제시하도록 하겠다.

② 〈그림 6-2〉나 주변의 실제 아치형 돌다리를 관찰해 보자.

③ 실제로는 일차함수 형식으로 감소하고 있다.

다. 그런데 아치가 하나 이상인 돌다리의 경우 각각의 아치를 계산해야 하고 이때 b는 0이 아닐 수도 있으므로 $f(x) = kx + b$로 표시한다.

여기에서는 도함수를 역연산해야 한다. IV장에서 학습했던 것처럼 도함수를 거꾸로 계산하는 방법이다. 이러한 계산 방법을 적분법이라 부르며, 수학적 용어로 표현하면 $F(x) = \int f(x)dx$[④]가 된다. 이 식의 의미는 $F'(x) = f(x)$이다. 그러므로 사전에 $F(x)$를 모른다고 해도 이것의 도함수 $f(x)$를 알면 역으로 $F(x)$를 도출할 수 있다. $\int$[⑤]는 부정적분을 계산하는 기호이다.

$\int$가 하나인 이유는 역연산해야 하는 함수가 원시함수(부정적분)의 1계 도함수이기 때문이다. 또한 dx는 앞에서 도함수를 구할 때 $F(x)$ 중 x의 도함수를 구하는 것이다. 지금까지 소개한 내용은 다변수함수의 편도함수와 편미분을 구분할 때 주로 사용한다. 편도함수에 관해서는 [부록 4]에 나와 있으므로 여기에서는 설명을 생략한다. IV장에서 배운 내용에 따라 $f(x) = kx$를 거꾸로 계산하면 다음과 같은 식이 나온다.

$$F(x) = \frac{k}{2}x^2 + \text{임의의 상수}$$

여기에서는 새롭게 임의의 상수라는 개념을 사용하였다. 임의의 상수에 대해 미분하면 결과는 모두 0이기 때문이다. 그러므로 만약 임의의 상수라

---

④ 이러한 $F(x)$를 $f(x)$의 부정적분 또는 원시함수라고 한다. 우리는 부정적분이라는 용어를 대표적으로 사용하는데, 중국에서는 원함수라는 표현을 주로 사용한다.

⑤ 이 책에서는 중적분에 대해서는 다루지 않는다.

고 표기하지 않으면 논란의 가능성이 있다. 물론 이 상수는 양수이거나 음수일 수 있고 0이 될 수도 있다. 그런데 매번 '임의의 상수'라고 표기하기 번거롭기 때문에 알파벳 C로 나타내기도 한다.

$$F(x) = \frac{k}{2}x^2 + C$$

기본 적분표

앞에서 부정적분은 도함수를 역연산하는 것이고 적분은 미분을 역연산하는 것이라는 사실을 이해하였다. 이제는 이미 알고 있는 도함수 공식으로 적분 공식을 도출해 낼 수 있다. 다음의 13개 공식은 비교적 자주 사용하는 계산식으로 이를 기본 적분표라 부른다.

(1) $\int kdx = kx + C$ (k는 상수)

(2) $\int x^n dx = \frac{x^{n+1}}{n+1} + C \ (n \neq -1)$

(3) $\int x^{-1}dx = \int \frac{1}{x}dx = \ln|x| + C$

(4) $\int \frac{1}{1+x^2}dx = \arctan x + C$

(5) $\int \frac{1}{\sqrt{1-x^2}}dx = \arcsin x + C$

(6) $\int \cos x dx = \sin x + C$

(7) $\int \sin x dx = -\cos x + C$

(8) $\int \sec^2 x dx = \int \frac{1}{\cos^2 x} dx = \tan x + C$

(9) $\int \csc^2 x dx = \int \frac{1}{\sin^2 x} dx = -\cot x + C$

(10) $\int \sec x \tan x dx = \sec x + C$

(11) $\int \csc x \cot x dx = -\csc x + C$

(12) $\int e^x dx = e^x + C$

(13) $\int a^x dx = \frac{a^x}{\ln a} + C$

뒤에서 지수 계산과 삼각 계산에 관한 내용을 자주 다룰 예정이기 때문에 이 부분에 관한 적분표는 [부록 3]에 수록해 놓았다. 이러한 공식들은 도함수 공식을 역연산한 것이므로 별도의 검증 없이 바로 사용할 수 있다.

모듈화 사고와 부정적분 정의의 확장

부정적분 정의를 통해 흥미로운 특징을 하나 도출해낼 수 있다. 하지만 그러려면 먼저 $F'(x) = f(x)$, 즉 $F(x)$는 $f(x)$의 부정적분(원시함수)이어야 한다. 이 내용을 적분 형식으로 표현하면 다음과 같다.

$$\int f(x)dx = F(x) + C \quad (C\text{는 임의의 상수})$$

여기에서 $\int f(x)dx$는 $f(x)$의 부정적분 중 하나라는 사실을 알 수 있다. 식을 조금 더 간단히 표시하기 위해 '임의의 상수'는 생략하는 경우가 많은데 그대로 사용해도 무방하다.

$\int f(x)dx$의 도함수를 구하면 $\frac{d}{dx}\left[\int f(x)dx\right] = f(x)$가 된다.

이 식을 보면 불현듯 이런 생각이 들 것이다. 적분과 도함수를 구하는 과정이 사실은 아무것도 하지 않는 것과 마찬가지라니! 그런데 다음에 나올 내용이 더욱 놀랍다.

$\frac{d}{dx}\int f(x)dx = f(x)$ 또는 $\frac{d}{dx}\left[\int f(x)dx\right] = f(x)$의 양쪽에 dx를 곱하면 $d\left[\int f(x)dx\right] = f(x)dx$가 되고, 다시 정리하면 $dF(x) = f(x)dx$가 되는 것이다.

모듈화 사고방식에 따르면 위의 식은 다음과 같이 표현할 수 있다.

$$d[\text{모듈}] = [\text{모듈의 도함수}]dx$$

여기에서의 '모듈'은 임의의 표현식이 될 수 있으며 동일한 표현식의 도함수가 될 수도 있다. 그러므로 위의 식을 아래와 같은 형식으로 표시하기도 한다.

$$df(x) = f'(x)dx$$

적분 공식의 증명

만약 모든 적분 공식을 도함수의 역연산을 통해 구한다면 굉장히 방대한 작업이 될 것이다. 그래서 아래에서는 적분 공식을 도출하는 두 가지 방법인 제 1 치환적분법과 제2치환적분법을 소개한다.⑥ $f(x_1)$의 원시함수가 있다면 원시함수는 $F(x_1)$이다. 이를 수학적 용어로 표시하면 다음과 같다.

$$F'(x_1) = f(x_1)$$

위 식을 이 장에서 배운 적분 기호를 사용해 표시해 보자.

$$\int f(x_1)dx_1 = F(x_1) + C$$

x_1을 중간 변수라 하고 $x_1 = g(x_2)$이며 $g(x_2)$를 미분할 수 있다고 가정하자. 다음의 도출 과정은 합성함수의 도함수를 구하는 과정과 비슷하다.

$$\int f[g(x_2)]g'(x_2)dx_2 = F[g(x_2)] + C = \int f(x_1)dx_1$$

치환적분법은 이처럼 합성함수의 도함수를 구하는 과정을 역연산하는 과

---

⑥ 우리나라에서는 치환적분법을 두 가지 형태로 가르치지만 제1치환적분법, 제2치환적분법이라고 구별하지는 않는다. 물론 뒤의 설명처럼 차이가 있기는 하다. 중국에서는 1환원법, 2환원법이라고 한다.

정이라 할 수 있다. 이를 기호로 표시하면 다음과 같다.

$$\int f[g(x_2)]g'(x_2)dx_2 = \int f(x_1)dx_1$$

위의 식이 바로 제1치환적분법이고 이 방법은 치환 조건에 부합하는지 한눈에 알 수 있는 적분에 사용한다. 그런데 종종 $\int f[g(x)]g'(x)dx$의 형식으로 나타낼 수 없는 적분이 있는데, 이럴 때에는 또 다른 치환적분법이 필요하다. 먼저 기존의 $\int f(x)dx$를 $\int f[g(x)]g'(x)dx$의 형식으로 치환한다. 만약 처리해야 하는 적분이 $\int f(x)dx$라면 $x = g(x_0)$이라고 설정할 수 있지만 이 중 $g(x_0)$은 임의로 설정할 수 없다. $g(x_0)$은 일정한 조건을 만족해야 치환 후의 식과 원래의 $\int f(x)dx$가 같아질 수 있다. 또한 $g(x_0)$은 고정된 값이 아니다. 원래 x가 변화하는 값이므로 $g(x_0)$이 고정된 값이 아니라고 하는 것은 치환 전후의 식이 같아지도록 하기 위해서다. 이렇게 해서 치환하면 식은 다음과 같다.

$$\int f(x)dx = \int f[g(x_0)]g'(x_0)dx_0$$

그런데 이렇게 되면 한 가지 문제가 생긴다. 이전에는 x를 적분하였다면 치환 후의 결과는 x_0을 적분한 것이 된다. 그렇다고 당황할 필요는 없다.

$\int f[g(x_0)]g'(x_0)dx_0$의 x_0을 $g(x_0)$의 역함수 $x_0 = g^{-1}(x)$로 대신하면 된다. 이러한 방법이 바로 제2치환적분법이다.

적분표의 확장

[부록 3]에 있는 모든 적분 공식을 증명하려고 시도한다면 다음과 같은 세 가지 문제에 직면할 것이다. 모든 공식을 치환적분법과 역연산의 방법으로 도출할 수 없다는 것, 계산 과정에서 이런저런 불편한 상황이 존재한다는 것, 때때로 $\int x dx^2$과 같은 적분식을 계산해야 한다는 것이다. 그래서 여기에서는 적분을 간단하게 계산할 수 있는 방법인 부분 적분법을 소개하도록 하겠다. 계산하려는 적분이 $\int f(x)dg(x)$라고 하자. 먼저 $f(x)$와 $g(x)$가 모두 연속 도함수를 가진 함수라는 사실을 명확히 해야 한다.

이어서 도함수의 곱셈 법칙을 이용하면

$[f(x)g(x)]' = f'(x)g(x) + f(x)g'(x)$가 된다. 식을 다시 한 번 정리하면 $f(x)g'(x) = [f(x)g(x)]' - f'(x)g(x)$이다.

여기에서 원래는 도함수의 곱셈 법칙으로 역연산해야 하는 것이 맞지만 약간 요령을 써서 풀 수도 있다. 바로 양쪽의 부정적분을 구하는 것이다. 이렇게 계산하면 위의 식은 다음과 같이 변한다.

$$\int f(x)g'(x)dx = f(x)g(x) - \int g(x)f'(x)dx$$

다시 정리하면, $\int f(x)dg(x) = f(x)g(x) - \int g(x)df(x)$가 된다. 그럼 이제 $\int f(x)dg(x) = f(x)g(x) - \int g(x)df(x)$의 정확성을 검증해 보자. $\int x dx^2$을 예로 들어 보자. 만약 부분 적분법을 사용하지 않는다면 부정적분의 성질을 이용해 $df(x) = f'(x)dx$를 계산한다.

$$\int x dx^2 = \int x \cdot (x^2)' dx = \int x \cdot (2x) dx = \int 2x^2 dx$$

$$= 2\int x^2 dx = 2 \cdot \left(\frac{1}{3}x^3\right) + C = \frac{2x^3}{3} + C$$

부분 적분법을 사용한다면 다음과 같다.

$$\int x dx^2 = x \cdot x^2 - \int x^2 dx = x^3 - \frac{1}{3}x^3 + C = \frac{2x^3}{3} + C$$

이처럼 미적분에서는 같은 문제라도 여러 가지 풀이 방법이 있다.

심화 문제

〈그림 6-3〉처럼 열일곱 개의 아치로 만들어진 돌다리는 어떻게 설계하는 걸까? 강물의 유속이 v라면 하루에 얼마나 많은 강물이 돌다리를 통과하게 될까?

〈그림 6-3〉

수학적 사고

존 내시John F. Nash(1928~2015)는 유명한 경제학자이자 게임 이론의 창시자이다. 그는 미국 매사추세츠 공과대학과 프린스턴 대학에서 교수로 재직하고 주로 게임 이론과 미분기하학, 편미분방정식을 연구했으며 1994년 노벨 경제학상을 수상하였다.

1957년 내시는 얼리샤 라데Alicia Lardé와 결혼하지만 불행하게도 1958년부터 정신이상 증세가 나타난다. 몇 년 후 얼리샤 라데는 존 내시의 정신이상 증세를 견디지 못하고 이혼을 결심한다. 그러나 그녀는 이혼 후에도 재혼하지 않고 계속 존 내시와 아들을 돌본다. 존 내시는 1970년부터 여러 정신 병원에서 치료 받으며 점차 호전되기 시작하였다.

1980년대 존 내시는 건강을 회복하여 교수 생활을 이어 나갔고 1994년에는 게임 이론에 기여한 공로로 존 하사니John Harsanyi, 라인하르트 젤텐Reinhard Selten과 공동으로 노벨 경제학상을 수상하였다. 2001년 어려운 시절을 함께 이겨 낸 존 내시와 얼리샤 라데는 재혼한다. 그러나 행복한 순간도 잠시였다. 2015년 5월 23일 내시 부부는 교통사고로 함께 세상을 떠났다. 존 내시의 생애에 대해 자세히 알고 싶다면 영화「뷰티풀 마인드」를 감상해 보기 바란다. 영화를 보면 존 내시가 정신병에 걸렸지만 게임 이론과 미분기하학에 관한 연구를 계속해 결국 노벨상을 수상하는 감동적인 이야기가 펼쳐진다.

●여러 가지 풀이법

$\lim_{x \to 0} \frac{\cos(\sin x) - \cos x}{x^4}$ 의 값을 구하라는 문제가 있다. 이 문제를 푸는 일반적인 방법은 IV장에서 소개한 테일러 전개를 이용해 식을 변형시키는 것이다. 테일러 전개는 다음과 같다.

$$f(x) = \frac{x_0}{0!} + \frac{f'(x_0)}{1!}x + \frac{f''(x_0)}{2!}x^2 + \frac{f'''(x_0)}{3!}x^3 + \cdots + \frac{f^{(n)}(x_0)}{n!}x^n$$

즉, cos(sin$x$)와 cos$x$를 테일러 전개에 대입해 근삿값을 구한 다음 다시 계산하는 것이다. 그러나 이러한 방법은 초급자에게 다소 복잡하게 느껴질 수 있다. 테일러 전개가 창문을 닫아 소음을 차단하는 방법이라면 로피탈의 법칙은 인부들과 협의해서 소음도 없애고 창문도 열어 놓을 수 있는 일석이조의 방법이다. 물론 인부들과 협의해야 하는 번거로움이 있기는 하지만 효율성 면에서는 훨씬 높이 평가 받는다.

로피탈의 법칙은 다음과 같이 표시한다.

$$\lim_{x \to a}\frac{f(x)}{F(x)} = \lim_{x \to a}\frac{f'(x)}{F'(x)}$$

이것은 부정적분을 배우기 전의 로피탈 법칙을 표현하는 방법이다. 이 식에서 $f(x)$와 $F(x)$는 완전히 다른 두 개의 함수를 나타낸다. 부정적분을 배울 때 $F(x)$는 일반적으로 $f(x)$의 원시함수를 나타내는 데 사용한다고 이해하였다. 그러나 로피탈의 법칙에서 $F(x)$는 $f(x)$의 원함수가 아니기도 하다. 그래서 $F(x)$를 $g(x)$로 나타내 구분한다.

$$\lim_{x \to a}\frac{f(x)}{g(x)} = \lim_{x \to a}\frac{f'(x)}{g'(x)}$$

$\lim_{x \to 0}\frac{\cos(\sin x) - \cos x}{x^4}$은 0/0의 형태이기 때문에 이러한 극한의 경우 직접 계산하는 방법을 택한다. 이때 필요한 것은 0/0의 형태가 아닌 식으로

전환하는 것이다. 그런 다음 $x \to 0$을 식에 대입해서 직접 계산하면 된다.

그러므로 $\lim_{x \to 0} \frac{\cos(\sin x) - \cos x}{x^4}$에 대해

$$f(x) = \cos(\sin x) - \cos x$$
$$g(x) = x^4$$

이라고 설정한다. 여기에서 $g(x)$는 4계 도함수를 구한 다음 하나의 상수가 되므로 $\lim_{x \to 0} \frac{\cos(\sin x) - \cos x}{x^4}$는 0/0의 형태가 되지 않는다. 그러므로 $\lim_{x \to 0} \frac{\cos(\sin x) - \cos x}{x^4}$는

$$\frac{1}{24} \lim_{x \to 0} f^{(4)}(x)$$

의 식으로 전환할 수 있다.

이쯤에서 아마 두 가지 의문이 생길 것이다. 첫 번째는 왜 $g^{(4)}(x) = 24$인가이고, 두 번째는 $\lim_{x \to 0} \frac{\cos(\sin x) - \cos x}{x^4}$를 왜 $\frac{1}{24} \lim_{x \to 0} f^{(4)}(x)$로 바꿔 쓸 수 있는가에 관한 것이다. 실제로 이 두 가지 문제에 관해서는 II장에서도 잠깐 설명했었다. 그러나 어쨌든 여기에서는 처음 접하는 고계 도함수이므로 고계 도함수를 구하는 방법에 대해 살펴보기로 하자.

고계 도함수를 구하는 방법과 II장에서 소개한 도함수를 구하는 방법은 동일하다. 간단히 정리하면, 2계 도함수는 1계 도함수를 하나의 함수로 간주하여 도함수를 구하면 되고, 3계 도함수는 2계 도함수를 하나의 함수

로 간주하여 도함수를 구하면 된다. 그러므로 N계 도함수는 $N-1$계 도함수를 하나의 함수로 보고 도함수를 구하면 되는 것이다.

그래서 $g^{(4)}(x) = [g'''(x)]'$, $g'''(x) = [g''(x)]'$, $g''(x) = [g'(x)]'$이 된다. 즉, $g(x)$에 대해 연속 네 번 도함수를 구하면 된다.

$g(x) = x^4$이므로,

$$g'(x) = 4 \cdot x^3$$

$$g''(x) = 4 \cdot 3 \cdot x^2 = 12 \cdot x^2$$

$$g'''(x) = 12 \cdot 2 \cdot x = 24x$$

$$g^{(4)}(x) = 24$$

이제 왜 $g^{(4)}(x) = 24$가 되는지 이해가 됐을 것이다.

이어서 왜 $\lim_{x \to 0} \frac{\cos(\sin x) - \cos x}{x^4} = \frac{1}{24} \lim_{x \to 0} f^{(4)}(x)$가 되는지 알아보도록 하자. 사실 이 문제는 첫 번째 문제보다 쉽게 답을 구할 수 있다. IV장에서 배운 로피탈 법칙의 내용을 잘 살펴보기만 하면 된다. 로피탈 법칙에는 비밀이 하나 숨어 있다. 이 법칙은 $\lim_{x \to a} \frac{f(x)}{g(x)} = \lim_{x \to a} \frac{f'(x)}{g'(x)}$로 표시하는 것 외에 1계 도함수를 원함수로 간주하여 도함수를 구할 때에도 로피탈의 법칙이 적용된다. 그러므로 $g(x)$에 대해 4계 도함수를 구하면 극한은 더 이상 0/0의 형태가 되지 않는다. 또한 $f(x)$에 대해서도 4계 도함수를 구한다.

이렇게 되면 $f(x) = \cos(\sin x) - \cos x$, $g(x) = x^4$이므로 $\lim_{x \to 0} \frac{\cos(\sin x) - \cos x}{x^4}$

를 $\lim_{x\to0}\frac{f(x)}{g(x)}$ 라고 쓸 수 있다. 만약 $f(x) = \cos(\sin x) - \cos x$와 $g(x) = x^4$등의 수식이 익숙하지 않다면 문자를 바꿔 표시할 수 있다.

$f(x)$로 $\cos(\sin x) - \cos x$를 대체하고 $g(x)$로 x^4을 대체하는 것이다. 이 극한을 다시 정리해 보면 다음과 같다.

$$\lim_{x\to0}\frac{\cos(\sin x) - \cos x}{x^4} = \lim_{x\to0}\frac{f(x)}{g(x)} = \lim_{x\to0}\frac{f'(x)}{g'(x)}$$

$$= \lim_{x\to0}\frac{f''(x)}{g''(x)} = \lim_{x\to0}\frac{f'''(x)}{g'''(x)} = \lim_{x\to0}\frac{f^{(4)}(x)}{g^{(4)}(x)}$$

$g^{(4)}(x) = 24$이므로 $\lim_{x\to0}\frac{f^{(4)}(x)}{g^{(4)}(x)} = \lim_{x\to0}\frac{f^{(4)}(x)}{24}$이다.

그 밖에도 극한의 계산 규칙에 따라 상수 부분을 끄집어낼 수 있다. 이렇게 하면 식은 다음과 같이 변한다.

$$\lim_{x\to0}\frac{\cos(\sin x) - \cos x}{x^4} = \frac{1}{24}\lim_{x\to0}f^{(4)}(x)$$

그럼 이제 $f^{(4)}(x)$만 구하면 된다. 먼저 $f(x)$의 특징을 관찰해 보자.

$$f(x) = \cos(\sin x) - \cos x$$

도함수를 계산하는 가감법에 따르면 다음과 같다.

$$f^{(4)}(x) = [\cos(\sin x)]^{(4)} - \cos^{(4)}x$$

그런데 여기에서 $[\cos(\sin x)]^{(4)}$은 $\cos^{(4)}x$에 비해 식이 복잡하다. 식이 끝없이 길어지는 것을 방지하기 위해 먼저 $\cos^{(4)}x$를 계산하도록 하자.

$$\cos' x = -\sin x$$
$$\cos'' x = -\cos x$$
$$\cos''' x = \sin x$$
$$\cos^{(4)} x = \cos x$$

이렇게 도함수를 구하다 보니 처음으로 돌아오게 되었다. 도함수 계산의 가감법은 사실 극한 계산의 가감법에서 나온 것이므로 앞의 식을 다시 한 번 간소화할 수 있다.

$$\begin{aligned}\frac{1}{24}\lim_{x\to 0} f^{(4)}(x) &= \frac{1}{24}\left\{\lim_{x\to 0}\left[\cos(\sin x)\right]^{(4)} - \lim_{x\to 0}\cos^{(4)}x\right\}\\ &= \frac{1}{24}\left\{\lim_{x\to 0}\left[\cos(\sin x)\right]^{(4)} - \lim_{x\to 0}\cos x\right\}\\ &= \frac{1}{24}\left\{\lim_{x\to 0}\left[\cos(\sin x)\right]^{(4)} - \cos(0)\right\}\\ &= \frac{1}{24}\left\{\lim_{x\to 0}\left[\cos(\sin x)\right]^{(4)} - 1\right\}\end{aligned}$$

이제 조금 복잡한 $[\cos(\sin x)]^{(4)}$을 계산해 보자. 사실 알맞은 방법만 찾으면 이 식도 특별히 어려울 건 없다. 먼저 $\cos(\sin x)$의 1계 도함수를 구한다.

$$[\cos(\sin x)]' = -\sin(\sin x) \cdot \cos x$$

도함수를 구하고 나면 아주 명확한 곱셈법이 드러난다. 이는 합성함수의 도함수 구하는 법칙을 이용한 덕분이다. 이렇게 되면 도함수의 곱셈법으로 계산하기만 하면 된다.

도함수의 곱셈법은 $(uv)' = u'v + uv'$ 외에도 다음과 같은 것들이 있다.

$$(uv)'' = u''v + 2u'v' + uv''$$

$$(uv)''' = u'''v + 3u''v' + 3u'v'' + uv'''$$

여기선 $(a+b)^2 = a^2 + 2ab + b^2$과 $(a+b)^3 = a^3 + 3a^2b + 3ab^2 + b^3$과 비교하여 이해할 수 있다. 고계 도함수의 곱셈법 중에서 이 완전제곱식과 유사한 공식을 라이프니츠 공식⑦이라고 부른다. 고계 완전제곱식은 다음과 같이 나타낸다.

$$(a+b)^n = \sum_{k=0}^{n} C_n^k a^{n-k} b^k$$

여기에서는 제곱을 고계 도함수로 바꾸기만 하면 된다. 즉 $a + b$를 ab로 바꾼다.

$$(ab)^{(n)} = \sum_{k=0}^{n} C_n^k a^{(n-k)} b^{(k)}$$

⑦ 우리나라에서는 이항정리라고 한다.

식에서 $a^{(0)}$은 a는 도함수를 구하지 않는다는 의미이다. 또한 $a^0 = 1$이지만 완전제곱식에서는 생략하고 나타내지 않는다. $b^{(0)}$과 b^0 역시 비슷하다.

그러므로 $[-\sin(\sin x) \cdot \cos x]'''$ 을 다음과 같이 나타낼 수 있다.

$$[-\sin(\sin x) \cdot \cos x]''' = [-\sin(\sin x)]'''\cos x + 3[-\sin(\sin x)]''\cos' x \\ + 3[-\sin(\sin x)]'\cos'' x + [-\sin(\sin x)]\cos''' x$$

그럼 비교적 간단한 $\cos' x$, $\cos'' x$, $\cos''' x$를 먼저 계산해 보자. 앞에서 $\cos x$의 4계 도함수를 구할 때 다음과 같았다.

$$\cos' x = -\sin x$$

$$\cos'' x = -\cos x$$

$$\cos''' = \sin x$$

그러므로 $[-\sin(\sin x) \cdot \cos x]'''$ 은 다음과 같이 변한다.

$$[-\sin(\sin x) \cdot \cos x]''' = [-\sin(\sin x)]'''\cos x + 3[-\sin(\sin x)]'' \cdot (-\sin x) \\ +3[-\sin(\sin x)]' \cdot (-\cos x) + [-\sin(\sin x)] \cdot \sin x$$

여기에서 극한 계산의 성질을 이용해 $x \to 0$일 때 $\cos x$, $-\sin x$, $-\cos x$, $\sin x$를 계산한다. 이렇게 하면 $-\sin 0$과 $\sin 0$의 값이 모두 0이므로 $[-\sin(\sin x) \cdot \cos x]'''$ 식에서 두 개 항목이 빠지게 된다. 또 $\cos 0 = 1$과 $-\cos 0 = -1$이므로 작업을 더 간소화할 수 있다. 위의 내용을 정리하면 다

음과 같은 식이 만들어진다.

$$[-\sin(\sin x)\cdot\cos x]''' = [-\sin(\sin x)]''' - 3[-\sin(\sin x)]'$$

이제 $[-\sin(\sin x)]$에 대해서는 $[-\sin(\sin x)]' = -\cos(\sin x)\cdot\cos x$가 된다. 이때 다시 한 번 앞에서 사용했던 요령을 사용하면 다음과 같이 정리된다.

$$\begin{aligned}-\cos(\sin 0)\cdot\cos 0 &= -\cos 0\cdot\cos 0\\ &= -1\cdot 1\\ &= -1\end{aligned}$$

이렇게 되면 $[-\sin(\sin x)\cdot\cos x]''' = [-\cos(\sin x)\cdot\cos x]'' + 3$이 된다. 이때 $[-\sin(\sin x)\cdot\cos x]'''$은 원래 식의 일부분이라는 사실을 기억해야 한다. 앞에서 $x\to 0$일 때의 값 -1일 때 $\cos^{(4)}x$를 생략하는 것과는 무관하다. 원래의 식은 다음과 같다.

$$[-\cos(\sin x)\cdot\cos x]'' + 3 - 1 = [-\cos(\sin x)\cdot\cos x]'' + 2$$

여기에서 다시 한 번 곱셈법 부분을 발견할 수 있다. 이때 라이프니츠의 공식을 사용할 수 있는데 이번에 사용할 공식은 $(uv)'' = u''v + 2u'v' + uv''$이다.

$$[-\cos(\sin x)\cdot\cos x]'' = [-\cos(\sin x)]''\cos x + [-\cos(\sin x)]'\cos' x + [-\cos(\sin x)]\cos'' x$$

이어서 먼저 $\cos' x$와 $\cos'' x$를 계산해 보자.

$$\cos' x = -\sin x$$
$$\cos'' x = -\cos x$$

그런 다음 앞에서처럼 극한 계산의 성질을 이용해 계산한다.

$$-\sin 0 = 0$$
$$\cos 0 = 1$$
$$-\cos 0 = -1$$

이때 원래의 식 $[-\cos(\sin x)]'' + \cos(\sin x) + 2$에서 다시 극한 계산 성질을 이용해 먼저 $x \to 0$일 때를 계산하면 $\cos(\sin 0) = \cos 0 = 1$이 된다. 그래서 원래의 식은 $[-\cos(\sin x)]'' + 3$이다.

$[-\cos(\sin x)]' = \sin(\sin x) \cdot \cos x$ 이므로,

$[-\cos(\sin x)]'' = \cos(\sin x) \cdot \cos x \cdot \cos x + \sin(\sin x) \cdot (-\sin x)$가 된다.

그러면 이제 $x \to 0$일 때의 상황만 계산하지 않은 것이 된다.

$\cos(\sin 0) \cdot \cos 0 \cdot \cos 0 \cdot + \sin(\sin 0) \cdot (-\sin 0) = \cos 0 \cdot 1 \cdot 1 + 0 = 1$

마지막으로 원래의 식은 $1 + 3 = 4$가 된다. 즉, $\lim_{x \to 0} f^{(4)}(x) = 4$이다.

그러므로 $\lim_{x \to 0} \frac{\cos(\sin x) - \cos x}{x^4} = \frac{1}{24} \lim_{x \to 0} f^{(4)}(x) = \frac{1}{6}$이다.

함께 생각해 보기

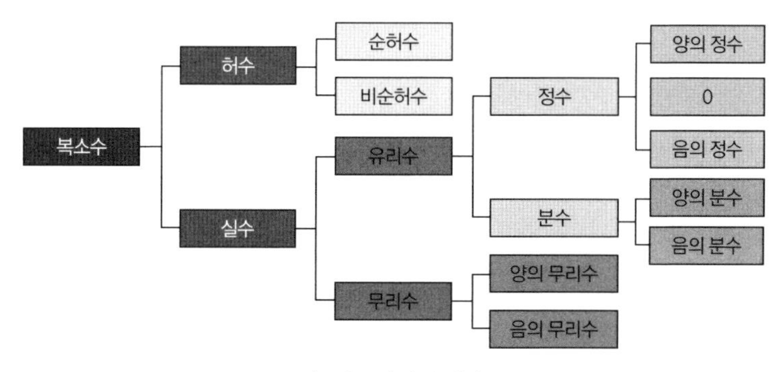

〈그림 6–4〉 수의 범위

사람들은 줄곧 수의 범위를 실수의 범위와 동일하게 생각해 왔다. 그러나 실수의 범위 안에서는 설명할 수 없는 수학 문제들이 많다. 그중 하나가 방정식 $x^2 = -1$을 구하는 것이다. 그렇기 때문에 〈그림 6–4〉처럼 수의 범위를 확대할 필요가 있다.

방정식 $x^2 = -1$의 값을 허수라고 부른다. 글자 그대로의 의미는 명확하지 않은 수라는 의미이다. 허수와 실수로 구성된 수의 범위는 복소수이다. 중학교 때 모든 실수는 하나의 수의 축으로 표시할 수 있다고 배웠을 것이다. 비록 허수와 실수의 상황은 다르지만 특수한 수의 축 하나로 모든 허수를 표시할 수 있다. 복소수는 실수와 허수를 모두 포함하므로 실수의 축과 허수의 축을 모두 사용하여 표시한다. 두 개의 수의 축으로 하나의 정확한 수를 표시해야 하므로 두 수의 축이 교차하는 부분은 복소수를 표시하는 평면이 되는데 이를 복소평면이라 부른다.

'$x^2 = -1$의 해답'이라고 일일이 서술하면 복잡하기 때문에 알파벳 i로 허수를 표시하기로 한다. 예를 들어 $2i = 2 \cdot \sqrt{-1} = \sqrt{-4}$ 처럼 말이다. 한

가지 주의할 점은 허수는 명확한 수가 아니라는 의미이기 때문에 허수끼리는 동일한지 여부만 비교할 수 있고 크기는 비교할 수 없다는 것이다.

모든 복소수는 $a + bi$(a, b는 모두 실수)로 표시할 수 있다. $b = 0$이라면 이 수는 실수이다. $a = 0$, $b \neq 0$이라면 이 수는 순허수이다.

$a \neq 0$, $b \neq 0$이라면 이 수는 비순허수⑧이다.

만약 X, Y 두 개의 복소수 $a + bi$와 $c + di$(a, b, c, d는 모두 실수)가 있다면 이들의 사칙연산은 다음과 같다.

$$X + Y = (a + bi) + (c + di) = a + bi + c + di = (a + c) + (b + d)i$$
$$X - Y = (a + bi) - (c + di) = a + bi - c - di = (a - c) + (b - d)i$$

복소수의 뺄셈을 할 때 주의할 점은 $-(c + di) = -c + di$가 아니라 $-(c + di) = -c - di$여야 한다.

$$\begin{aligned} X \times Y &= (a + bi) \times (c + di) = ac + adi + cbi + bdi^2 \\ &= ac + (ad + cb)i - bd \\ &= (ac - bd) + (ad + cb)i \end{aligned}$$

$i^2 = -1$이므로 $bdi^2 = -bd$이다. 그러므로 위의 식은 아래와 같이 간소화할 수 있다.

---

⑧ 우리나라에서는 그냥 허수라고 한다.

$$X \times Y = (ac - bd) + (ad + cb)i$$

$$X \div Y = \frac{X}{Y} = \frac{a + bi}{c + di} = \frac{(a + bi)(c - di)}{(c + di)(c - di)}$$

$$= \frac{(a + bi)(c - di)}{c^2 - d^2 i^2} = \frac{(a + bi)(c - di)}{c^2 + d^2}$$

$$= \frac{ac - adi + bci - bdi^2}{c^2 + d^2} = \frac{ac - adi + bci + bd}{c^2 + d^2}$$

$$= \frac{ac + bd}{c^2 + d^2} + \frac{bc - ad}{c^2 + d^2} i$$

위와 같은 간소화 방법을 켤레복소수를 곱한다고 부른다. 만약 이 복소수가 $a + bi$ 라면 켤레복소수는 $a - bi$ 이거나 혹은 $a + bi$ 와 $a - bi$ 가 서로 켤레복소수라고 말한다.

복소수와 복소평면은 복소변수함수 등의 분야에서 광범위하게 응용된다. 복소수를 이해하면 고등 수학을 학습하는 데 많은 도움이 된다.

옷 한 벌에 들어가는 천

옷 DIY의 유행

유행에 따라 수많은 기성복들이 매일같이 쏟아져 나오지만, 유행보다는 자신의 체형과 분위기에 맞게 옷을 입는 사람들이 늘고 있다. 하지만 자신에게 맞는, 마음에 꼭 드는 옷을 찾기란 쉽지 않다. 게다가 가격이 너무 비싸다거나 맞는 크기가 없는 경우도 많다. '내가 입는 옷을 내 손으로 만들 수 있다면 어떨까?' 자신의 기호와 개성을 살려 직접 옷을 만들어 입는 이른바 '옷 DIY'도 유행하고 있다.

'DIY(Do It Yourself, 직접 원하는 물건을 만드는 것)'는 어제 오늘의 일이 아니다. 처음에는 각종 가구를 조립하거나 창, 문, 바닥, 지붕 따위의 건축 부분을 스스로 고치고 만드는 일의 개념이었지만 최근에는 스스로 디저트를 만들어 먹거나 생활용품을 직접 만들어 사용하는 일이 점점 보편화되고 있다. 만약 옷 한 벌을 직접 만들어 입는다면 천이 얼마나 필요할까? 이 장에서는 옷 한 벌을 만드는 것과 정적분이 어떤 관계가 있는지 알아보도록 하겠다.

부정적분을 다시 살펴보다

앞 장에서는 부정적분에 대해 공부하였다. 부정적분을 나타내는 식[①]은 다음과 같다.

---

① 수학의 표현식

$$F(x) = \int f(x)dx$$

여기에서 $F(x)$는 $f(x)$의 부정적분(원시함수)이다. 다시 말해 $f(x)$는 $F(x)$의 도함수[②]이고 수학적 용어로 표현하면 다음과 같다.

$$F'(x) = f(x)$$

만약 $y = F(x)$라면 $F(x) = \int F'(x)dx$, $y = \int y'dx$이다.

우리는 그동안 라그랑주의 표시 방법을 주로 사용하였다. 즉, 함수 위에 '′'을 표시하여 도함수를 나타내는 것이다.

예를 들어 y의 도함수는 y' 라고 하고 $f(x)$의 도함수는 $f'(x)$라고 표현하는 것이다. 앞에서도 잠깐 소개했던 또 다른 방법을 사용하려고 한다. 바로 라이프니츠의 표시 방법[③]으로 y의 도함수(독립변수 x를 미분한 것)를 $\frac{dy}{dx}$라고 표시하는 것이다.

이러한 표시 방법을 사용하면 부정적분의 식은 다음과 같이 나타낼 수 있다.

$$y = \int \frac{dy}{dx} dx$$

---

② 이 책에서는 導數(도수), 導函數(도함수) 모두 도함수라고 표기한다.

③ 부정적분을 구할 때 사용한 부호 체계가 라이프니츠의 부호 체계이므로 도함수와 적분의 부호 체계를 라이프니츠의 부호 체계로 통일시켜야만 관련된 부정적분 문제를 풀 수 있기 때문이다.

이처럼 '$\int$함수 d 독립변수'의 형식으로 표현하는 방식은 함수를 부정적분(원시함수)의 독립변수에 대한 미분 결과라고 보고 함수와 독립변수라는 두 개의 정보를 바탕으로 계산하는 것이다.

실제로 $\int$자체가 일종의 계산 부호이다. 그런데 이 부호는 계산 우선순위[④]가 낮은 편이다. $\int$는 영어 단어 중 Summation[⑤]의 첫 글자 S를 변형해 만든 수학 부호로, 뒤에 있는 식의 합을 구하라는 의미이다.

$y = \int \frac{dy}{dx} dx$에는 곱셈 부호가 생략되어 있다. 만약 곱셈 부호를 생략하지 않으면 $y = \int \frac{dy}{dx} \cdot dx$라고 표시해야 한다. $\int$의 계산 우선순위가 곱셈보다 낮기 때문에 곱셈 부분을 먼저 계산하면 $y = \int dy$가 된다.

II장에서도 언급했듯이 도함수는 함수의 그래프를 아주 작은 구간으로 나눈 다음 직선으로 간주되는 작은 구간의 기울기를 의미한다.

라이프니츠의 표시 방법에 따르면, 기울기는 $\frac{dy}{dx}$이다. 이는 아주 작은 구간의 세로 방향 거리와 가로 방향 거리[⑥]의 비율을 의미하며 d는 아주 작은 구간을 의미한다.

이렇게 해서 부정적분의 부호를 모두 이해하였다. y는 먼저 자신을 아주 작은 구간(y는 세로 방향이므로 나눈 구간도 세로 방향이다.)으로 나눈 다음 다시 이 작은 구간의 합을 구하는 것으로 표시할 수 있다.

---

④ 계산 우선순위는 계산 순서를 의미한다. 덧셈은 곱셈보다 우선순위가 낮고 마찬가지로 나눗셈은 곱셈과 열려 있는 계산에 비해 우선순위가 낮다. $\int$는 덧셈보다 계산 우선순위가 높고 곱셈의 계산 우선순위보다는 낮다.

⑤ Summation은 총합, 합계를 의미한다.

⑥ II장에서 Δx는 $x - x_0$을 나타낸다고 나와 있으며 Δx는 가로 방향의 거리를 의미한다.

이것이 바로 부정적분의 본질이며, 이미 작은 구간으로 나누어진 물건의 합을 구하는 것이라고 이해할 수 있다. 이 작은 구간은 미리 알고 있는 것이 아니다. 그런데 만약 이 작은 구간의 기울기가 세로 방향 거리와 가로 방향 거리의 비율이라는 것을 알고 있다면 이 작은 구간의 기울기에 가로 방향 구간을 곱해 세로 방향 구간을 구할 수 있다. 그런 다음 세로 방향 구간의 합을 구하면 y가 된다.

상수 C의 표시 여부

어떤 교과서에서는 부정적분을 구한 다음 상수 C는 표시해도 되고 표시하지 않아도 된다고 나와 있다.[7] 그런데 이는 고등 수학에서 자주 발견되는 오류이다. 일반적으로 특수한 상황을 제외하고는 부정적분의 결과 뒤에 $+C$를 표시하거나, 생략할 경우에는 명확한 설명을 붙여 놓아야 한다.

이 책에서도 종종 이해를 돕기 위해 상수를 생략하기도 하지만 그렇다고 해서 상수가 존재하지 않는 것은 아니다. 예를 들면, $a \cdot b$를 ab로 표시하지만 곱셈의 의미가 사라지지 않는 것과 마찬가지이다. 그러나 공식적인 논문에서는 상수항을 절대 생략할 수 없다.

---

⑦ 우리나라 고등학교에서는 부정적분을 구할 때 반드시 적분상수 C를 표시해야 한다고 지도하고 있다.

부정적분에서 정적분까지

지금까지 부정적분을 구하는 방법에 대해 알아보았다. 그렇다면 부정적분이 의미하는 것은 무엇일까? 아마 대부분의 독자들은 앞에서 언급했던 것처럼 부정적분이 원시함수를 의미한다고 알고 있을 것이다. 그렇다면 부정적분은 좌표계에 어떻게 표시할까?

〈그림 7-1〉의 왼쪽 그림은 일변수함수이고 오른쪽 그림은 이 함수의 가로좌표를 여러 개의 동일한 구간으로 나눈 것이다. 만약 이러한 구간이 점점 많아져서 더 이상 나눌 수 없는 경지에 가까워진다면 구간의 길이는 0에 가까워질 것이며 수학적으로는 $x\to0$이라고 표시한다.

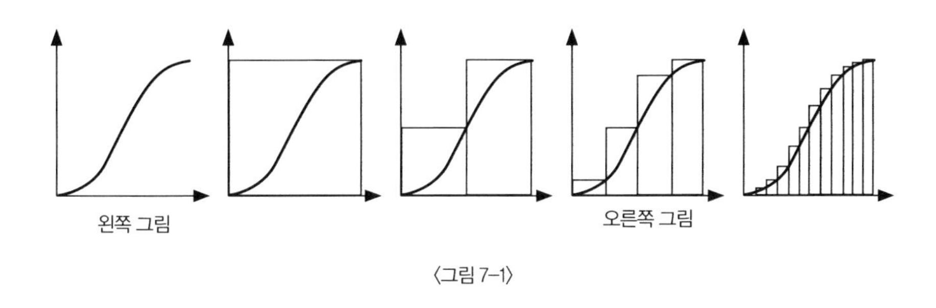

〈그림 7-1〉

이 작은 구간의 길이가 0에 가까워진다면 dx를 사용해 수평에 있을 때의 길이를 표시할 수 있다. 마찬가지로 수직 방향의 길이는 dy로 표시한다. 만약 $x\to0$이라면 함수의 그래프는 셀 수 없이 많은 구간으로 나누어지고 가로 방향의 길이는 0에 가까워지지만 0은 아닌 상태가 되며 세로 방향의 길이만 남게 된다.

〈그림 7-1〉의 오른쪽 그림에서 보듯이 구간을 나누면 나눌수록 직사각형 넓이의 합은 이 함수 그래프와 x축을 둘러싼 구역의 넓이에 가까워진다. 이 함수가 셀 수 없이 많은 구간으로 나뉘고 가로 방향의 길이가 생략될 때 이 넓이의 합은 함수 그래프와 x축을 둘러싼 구역의 넓이로 간주한다.

그 밖에도 이 함수의 가로 방향 길이가 0에 가까워질 때 세로 방향 길이만 있다고 간주한다. 그러므로 세로 방향 길이의 합은 함수 그래프와 축을 둘러싼 구역의 넓이로 간주한다. 다시 말해 $\int dy$는 그래프와 x축을 둘러싼 구역의 넓이이다.

그러나 일반적으로 부정적분은 모두 무한하므로 무한히 확장될 수 있는 면의 넓이를 구하는 것은 의미가 없다. 그래서 발명된 것이 바로 정적분이다. 정적분은 부정적분의 한 영역으로 독립변수를 한정한다.

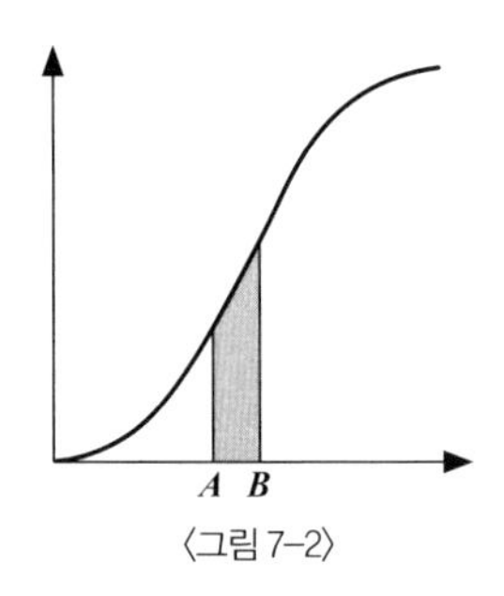

〈그림 7-2〉

〈그림 7-2〉에서 정적분의 범위는 가로좌표에 대응한다. 〈그림 7-2〉의 회색 부분이 바로 정적분을 나타내며 정적분의 식은 다음과 같다.

$$\int_a^b f(x)dx$$

여기에서 a, b는 각각 그림 속의 A와 B의 가로좌표를 나타낸다. 그리고 〈그림 7-2〉에서처럼 색칠한 부분의 넓이는 $\int_a^b f(x)dx$로 표시할 수 있다. 이 식에서 a는 적분의 하한선, b는 적분의 상한선을 의미한다.

그런데 모든 지점을 일일이 계산하는 것만큼 바보 같은 일도 없다. 게다가 그렇게 계산하다가 함수가 조금만 복잡해지면 속수무책이 된다. 그래서 수학자 뉴턴⑧과 라이프니츠는 정적분을 풀 수 있는 뉴턴-라이프니츠 공식을 발명하였다.

뉴턴-라이프니츠⑨ 공식은 다음과 같다.

$$\int_a^b f(x)dx = F(b) - F(a)$$

뉴턴-라이프니츠 공식의 도출 과정은 조금 복잡하다. 그래서 간단한 방법으로 '상상 증명'을 해 보도록 하겠다. 이러한 상상 증명은 정식 방법이 아니고 단지 이해를 돕기 위한 것이다. 뉴턴-라이프니츠 공식이 300여 년 전에 뉴턴과 라이프니츠에 의해 이미 증명되었으므로 여기에서는 상상 증명의 방식을 사용해도 무방하다.

만약 적분의 하한선이 없다면 정적분은 어떤 모습으로 변할까? 〈그림 7-3〉처럼 변하지 않을까? 적분의 하한선⑩이 없다는 전제 하에 상상해 낸

---

⑧ 뉴턴은 수학자이자 물리학자였다.

⑨ 우리는 이를 미적분의 기본 정리라고 한다.

⑩ 실제로는 적분의 하한선은 반드시 있어야 하고 이처럼 하한선이 없는 적분은 단지 상상일 뿐이다.

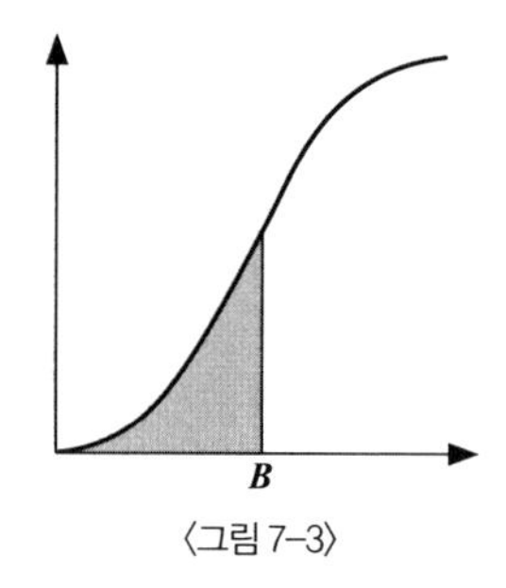

〈그림 7-3〉

식을 〈그림 7-3〉을 이용해 표시한다면 수직 방향으로는 더 이상 확장할 수 없는 종잇조각과 같다. 원래 이 종이는 수평 방향으로는 좌우 양쪽으로 확장될 수 있지만 상한선(B 지점 가로좌표의 위치)에서 모두 잘려 나갔다. 이렇게 되면 오른쪽으로는 더 이상 확장될 수 없다.

$F(b)$의 상황은 이러하고 $F(a)$의 상황도 마찬가지이다.

그렇다면 $F(b) - F(a)$는 두 종잇조각의 넓이 차이라 볼 수 있다. 이 두 종잇조각의 왼쪽 편은 무한대로 확장될 수 있지만 실제로는 왼편의 어떤 지점부터는 두 개가 서로 일치하게 되므로 넓이의 차이를 확인할 수 있다. 즉, 어떤 지점(실제로는 A 지점의 가로좌표)에서 다시 $F(b)$를 잘라내고 표시한 부분이다. 이렇게 해서 $\int_a^b f(x)dx$가 표시하는 넓이를 구할 수 있다.

이렇게 하면 뉴턴-라이프니츠 공식도 쉽게 이해할 수 있다. 그러나 다시 한 번 명심해야 할 것은 상상 증명은 이미 증명된 공식이나 정리에만 사용할 수 있고 새롭게 연구하고 있는 공식이나 정리에는 사용할 수 없다. III장에서 배웠던 가설 연역법과 비슷하다.

뉴턴-라이프니츠 공식을 이해했다면 공식도 함께 외어 두는 것이 좋다. 공식을 사용할 때마다 증명하고 싶은 사람은 없을 테니 말이다. 공식이 잘 생각나지 않는다면 상상 증명 과정을 떠올려 보도록 하자.

뉴턴-라이프니츠 공식

$$\int_a^b f(x)dx = F(b) - F(a)$$

덧셈의 방향

이런 의문이 생기는 독자들도 있을 것이다. 이미 $\sum$(시그마) 기호가 있는데 어째서 라이프니츠는 같은 의미를 가진 $\int$부호를 새롭게 만든 것일까? 그리고 Δx와 Δy로 작은 구간을 표시할 수 있는데 어째서 라이프니츠는 같은 개념을 굳이 dx와 dy로 표시한 것일까?

$\sum$와 함께 사용하는 부호는 Δx와 Δy이고, $\int$과 함께 사용하는 부호는 dx와 dy라고 설명해 놓은 교과서도 있다. 그러나 이것은 덧셈의 방향과 거시적 · 미시적인 시각에 관한 문제이다.

우선 거시적인 시각과 미시적인 시각에 대하여 이야기해 보자. Δx와 Δy가 나타내는 것은 거시적인 차이이다. 길이가 매우 짧더라도 명확히 길이를 잴 수 있다면 이는 거시적인 차이로 간주한다. 반면 라이프니츠가 발명한 dx와 dy가 표시하는 것은 미시적으로 아주 짧은 구간이다. 그래서 아무리 정확한 자가 있다 하더라도 길이를 측정할 수 없다.

그럼 이제 $\sum$와 $\int$의 차이를 알아보도록 하자. 이 두 가지 부호는 모두 합산을 의미하는데 간단히 구분하면 $\sum$는 거시적인 합산이고 $\int$은 미시적인 합산을 의미한다. 그러나 만약 $\int$이 미시적인 합산을 의미한다면 $\iint$과 $\iiint$ 같은 부호를 해석할 방법이 없게 된다. 그러므로 덧셈의 각도에서 Σ와 $\int$을 구분해야 한다. Σ는 〈그림 7-4〉에서처럼 가로 방향의 합이다. 그러나 $\int$은 〈그림 7-5〉에서처럼 2차원 평면에서의 합을 의미한다. 그러므로 Σ는 길이를 표시하고 $\int$은 넓이를 표시한다고 볼 수 있다. 이렇게 구분할 수 있어야만 나중에 함수가 3차원 혹은 4차원 공간까지 확장될 때 부호를 정확하게 사용할 수 있다.

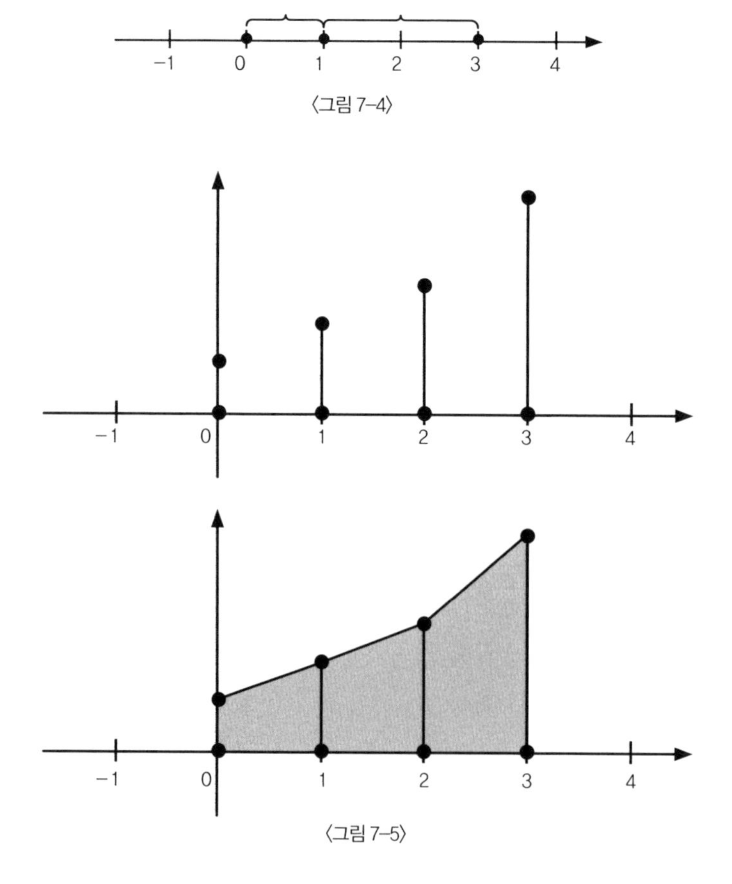

〈그림 7-4〉

〈그림 7-5〉

나무토막을 예로 들어 두 부호를 구분해 보자.

먼저 $\sum$는 나무토막을 일렬로 한데 묶어 길이를 재는 것이고 $\int$은 넓이를 구하는 것이므로 한데 묶지 않아도 된다. 다시 말해 일차원은 직선이므로 더한 값이 길이가 되고 2차원은 평면이므로 더한 값이 넓이가 되는 것이다. 또 3차원은 공간이므로 더한 값이 부피가 된다. 4차원 혹은 4차원 이상부터는 이 책에서는 다루지 않지만 일반적으로 4차원은 시공간을 나타내고 더한 값이 무엇이 될지는 상상하기 어렵다.

기존의 넓이 공식

도형의 넓이를 구하는 공식이 어떻게 만들어졌는지 생각해 본 사람은 별로 없을 것이다.

예를 들어 직사각형의 넓이는 왜 마름모처럼 대각선의 곱을 2로 나눈 값이 아니라 가로와 세로의 곱하기일까? 지금 이와 같은 의문이 든다면 아주 높은 차원에서 정적분을 이해하려는 신호이다. 그렇다면 우리에게 익숙한 넓이 공식들을 하나씩 풀이해 보자.

먼저 정적분을 배우기 전에, 어떻게 넓이를 구했는지 다시 한 번 떠올려 보자. 가장 먼저 접하는 것은 바로 직사각형의 넓이이다.

한 변의 가로가 1인 정사각형의 넓이를 단위넓이라고 한다. 다시 말해 한 변의 가로가 1인 정사각형의 넓이는 1이다. 그렇다면 정적분을 배우기 이전에 학습한 넓이 공식은 한 변의 가로가 1인 단위넓이와 관련된다.

임의의 한 직사각형[11]은 모두 가로 방향으로 정사각형을 $\frac{가로}{1}$배, 세로 방향으로 $\frac{세로}{1}$배 확대한 것으로 임의의 직사각형 넓이는 단위넓이 $\times$ $\frac{가로}{1}$ $\times$ $\frac{세로}{1}$이다.

단위넓이는 1이므로 곱하기 1과 나누기 1은 모두 생략할 수 있다. 이렇게 하면 직사각형의 넓이 공식은 '가로 × 세로'가 된다.

높은 차원에서의 넓이 공식

이제는 높은 차원의 정적분을 통해 우리에게 이미 익숙한 넓이 공식을 살펴보도록 하자. 정적분으로 넓이 공식을 나타내려면 먼저 직사각형의 가로를 a, 세로를 b로 설정하고 다음과 같이 표시한다.

$$S_{직사각형} = \int_0^a f(x)dx$$
$$f(x) = b$$

한 단계 더 나아가면 다음과 같다.

---

⑪ 분수와 무리수를 접하기 전에 격자 모양으로 넓이를 구하는 방법도 사용하였다. 그러나 이것은 초등학교 교과서에 주로 나오는 방법이므로 단위 넓이를 확장해서 넓이를 구하는 방법만 소개하도록 하겠다.

$$S_{직사각형} = \int_0^a f(x)dx = F(a) - F(0)$$

$$F(x) = bx + C$$

$$\begin{aligned} S_{직사각형} &= F(a) - F(0) \\ &= (b \cdot a + C) - (b \cdot 0 + C) \\ &= b \cdot a + C - 0 - C \\ &= b \cdot a \end{aligned}$$

곱셈의 교환법칙에 따라 $S_{직사각형} = ba = ab$가 된다. 직사각형의 넓이가 왜 가로와 세로의 곱인지 알 수 있을 것이다.

원과 타원

직사각형의 넓이를 구하는 공식과 마찬가지로 함수를 통해서 어떤 도형의 전부 혹은 일부분을 표시한 다음 정적분을 구하여 넓이를 구하는 공식을 도출해 낼 수 있다. 또 같은 방법으로 원과 타원의 넓이 공식을 증명할 수 있다. V장에서 원의 방정식을 배운 바 있다.

$$x^2 + y^2 = r^2$$

이제 원의 제 1사분면으로 원의 넓이를 구하는 공식을 증명해 보자. 주의할 것은 이렇게 해서 나온 넓이 공식은 전체 원의 4분의 1에 해당한다는 것을 명심해야 한다. 〈그림 7-6〉을 보면 다음과 같은 식이 만들어진다.

$$\frac{1}{4}S_{원} = \int_0^r f(x)dx$$

$f(x) = \sqrt{r^2 - x^2}$ 이다.

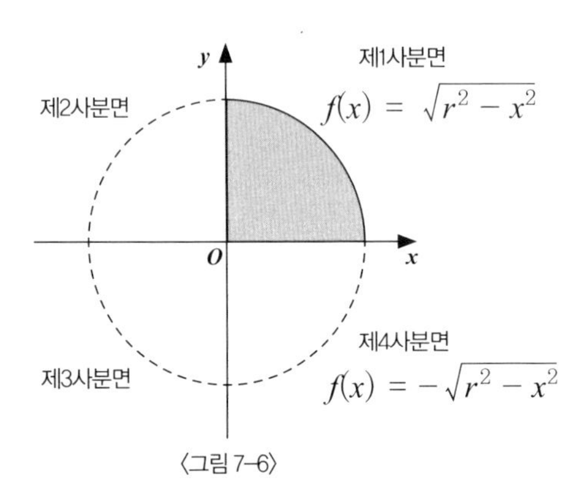

〈그림 7-6〉

[부록 3]의 적분표를 참고하면 다음과 같은 식을 얻을 수 있다.

$$\int\sqrt{a^2 - x^2}\,dx = \frac{x}{2}\sqrt{a^2 - x^2} + \frac{a^2}{2}\arcsin\frac{x}{a} + C \quad (a>0)$$

반지름 r은 반드시 0보다 크므로 적분표의 공식을 사용할 수 있고, 다음과 같은 식이 만들어진다.

$$F(x) = \frac{x}{2}\sqrt{r^2 - x^2} + \frac{r^2}{2}\arcsin\frac{x}{r} + C$$

$\frac{1}{4}S_{원} = \int_0^r f(x)dx$ 를 한 단계 더 계산하면 다음과 같다.

$$\begin{aligned}\int_0^r f(x)dx &= F(r) - F(0) \\ &= \frac{r}{2}\sqrt{r^2 - r^2} + \frac{r^2}{2}\arcsin\frac{r}{r} + C - \frac{0}{2}\sqrt{r^2 - 0^2} - \frac{r^2}{2}\arcsin\frac{0}{r} - C \\ &= \frac{r}{2}\cdot 0 + \frac{r^2}{2}\cdot\frac{\pi}{2} - 0\cdot r - 0 \\ &= \frac{r^2\pi}{4}\end{aligned}$$

그러므로 $\frac{1}{4}S_{원} = \frac{r^2\pi}{4}$이고 정리하면 $S_{원} = r^2\pi$이다.

타원의 넓이 공식을 증명하는 방법 중 하나는 원을 잡아당겨 늘어뜨린 형태로 보는 것이다. 다시 말해 넓이가 $b^2\pi$인 원을 길이 방향으로 $\frac{a}{b}$배 늘린 것이다.

$$S_{타원} = \frac{a}{b}\cdot S_{원} = \frac{a}{b}\cdot b^2\pi = ab\pi$$

만약 정적분을 이용해서 증명하고 싶다면 〈그림 7-7〉과 원의 넓이 공식을 참고해 증명할 수 있다.

$$\frac{1}{4}S_{타원} = \int_0^a f(x)dx$$

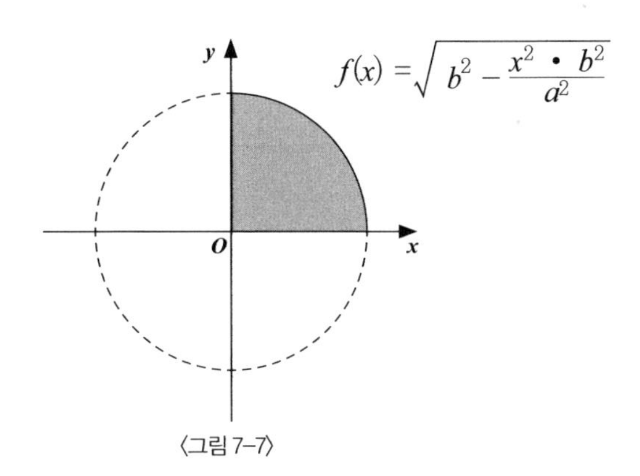

〈그림 7-7〉

$$f(x)=\sqrt{b^2-\frac{x^2 b^2}{a^2}}=\sqrt{\frac{a^2b^2-x^2b^2}{a^2}}=\frac{b}{a}\sqrt{a^2-x^2}$$

만약 $g(x)=\sqrt{a^2-x^2}$ 이라고 하면 $f(x)=\frac{b}{a}\cdot g(x)$이므로 다음과 같은 식을 만들 수 있다.

$$\frac{1}{4}S_{타원}=\int_0^a f(x)dx=F(a)-F(0)$$
$$=\frac{b}{a}\int_0^a g(x)dx=\frac{b}{a}\cdot\frac{a^2\pi}{4}=\frac{ab\pi}{4}$$

이로써 타원의 넓이를 구하는 공식이 $ab\pi$라는 사실을 증명해 냈다.

신기한 직각삼각형

마름모는 네 개의 직각삼각형이 모여 만들어진 것이다. 평행사변형과 사다리꼴 역시 직사각형과 직각삼각형의 조합이라고 볼 수 있다. 임의의 직각삼각형에 대해 직각을 끼고 아래에 위치한 변의 길이를 d, 높이를 h라고 한다면 $S_{\text{직각삼각형}} = \int_0^d f(x)dx$, $f(x) = -\frac{h}{d}x + h$이다.

그러므로 다음과 같은 식이 성립한다.

$$F(x) = \int f(x)dx = -\frac{h}{d}x^2 + hx + C$$

$$S_{\text{직각삼각형}} = F(d) - F(0)$$

$$= -\frac{h}{2d} \cdot d^2 + d \cdot h + C - 0 - 0 - C$$

$$= -\frac{dh}{2} + dh$$

$$= \frac{dh}{2}$$

즉, 직각삼각형의 넓이는 아래의 직각을 낀 변과 높이의 곱을 2로 나눈 값이다(직각변이 아래에 있는 경우만 다룬다.).

임의의 예각삼각형, 빗변이 아래에 있는 직각삼각형, 둔각삼각형의 넓이는 두 개의 작은 직각삼각형 넓이의 합이라고 볼 수 있다. 둔각삼각형의 경우 둔각을 끼고 있는 변이 아래에 있을 때의 넓이는 두 개의 직각삼각형 넓이의 차이이다. 물론 이것은 증명 과정을 거쳐야 하는 문제이기도 하다.

예각삼각형, 빗변이 아래에 있는 직각삼각형, 둔각삼각형은 두 개의 작은 직각삼각형 넓이의 합이다. 〈그림 7-8〉은 이 내용을 좌표에 표시한 것이다.

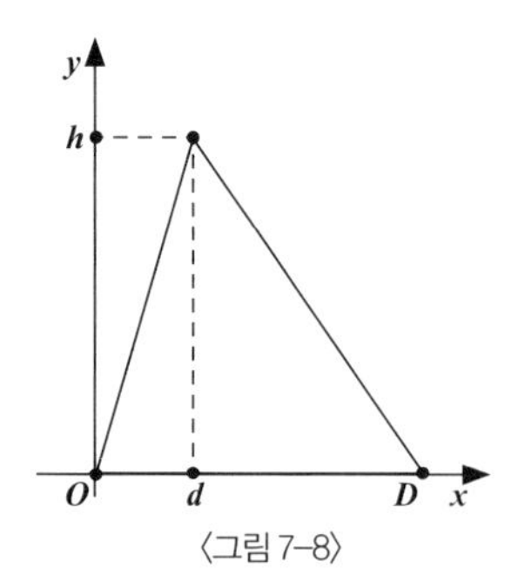

〈그림 7-8〉

〈그림 7-8〉에서 높이는 h이고 밑변은 $D-0=D$이므로 알파벳 대문자 S로 삼각형의 넓이를 표시하면 다음과 같다.

$$S = \int_0^d f(x)dx + \int_d^D g(x)dx$$

$$f(x) = \frac{h}{d}x \qquad g(x) = \frac{h}{d-D}x - \frac{hD}{d-D}$$

그러므로 다음과 같은 식을 얻을 수 있다.

$$F(x) = \frac{h}{2d}x^2 + C$$

$$G(x) = \frac{h}{2(d-D)}x^2 - \frac{hD}{d-D}x + C$$

$$S = \int_0^d f(x)dx + \int_d^D g(x)dx$$

$$= \frac{h}{2d}d^2 - 0 + \frac{h}{2(d-D)}D^2 - \frac{hD}{d-D}D - \frac{h}{2(d-D)}d^2 + \frac{hD}{d-D}d$$

$$= \frac{hd}{2} + \frac{h}{2(d-D)}(D^2 - d^2) + \frac{hD}{d-D}(d-D)$$

$$= \frac{hd}{2} + \frac{h}{2(d-D)}(D + d)(D - d) + hD$$

$$= \frac{hd}{2} - \frac{h}{2(D-d)}(D + d)(D - d) + hD$$

$$= \frac{hd}{2} - \frac{h(D+d)}{2} + hD$$

$$= \frac{hd}{2} - \frac{hd}{2} - \frac{hD}{2} + hD$$

$$= \frac{hD}{2}$$

둔각삼각형의 경우 둔각을 끼고 있는 변을 아래쪽에 놓는다면 어떤 상황이 만들어질까? 둔각삼각형에서 둔각을 끼고 있는 변이 아래쪽에 놓인다면 〈그림 7-9〉와 같은 모습일 것이다.

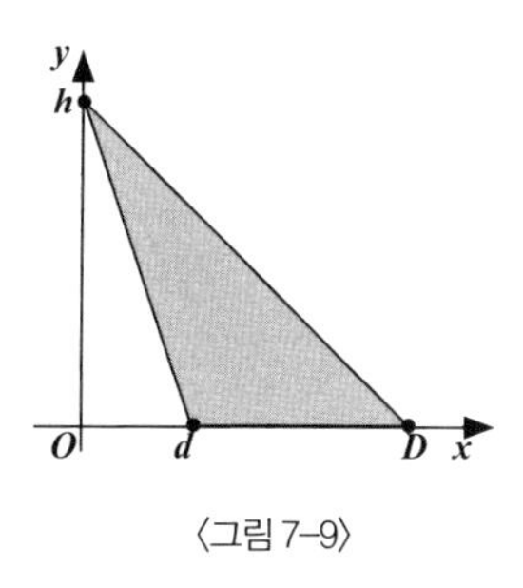

〈그림 7-9〉

이 삼각형의 아랫변은 $D - d$이고 높이는 h이므로 S로 넓이를 표시하면 다음과 같다.

$$S = \int_0^D f(x)dx - \int_0^d g(x)dx$$

$$f(x) = -\frac{h}{D}x + h$$

$$g(x) = -\frac{h}{d}x + h$$

그러므로 다음과 같은 식이 성립한다.

$$F(x) = -\frac{h}{2D}x^2 + hx + C$$

$$G(x) = -\frac{h}{2d}x^2 + hx + C$$

$$\begin{aligned} S &= \int_0^D f(x)dx - \int_0^d g(x)dx \\ &= \left(-\frac{h}{2D}D^2 + hD + C - 0 - 0 - C\right) - \int_0^d g(x)dx \\ &= \left(-\frac{hD}{2} + hD\right) - \int_0^d g(x)dx \\ &= \frac{hD}{2} - \left(-\frac{h}{2d}d^2 + hd + C - 0 - 0 - C\right) \\ &= \frac{hD}{2} - \left(-\frac{hd}{2} + hd\right) \\ &= \frac{hD}{2} - \frac{hd}{2} \\ &= \frac{h(D-d)}{2} \end{aligned}$$

단 밑변은 $D-d$이므로 어떤 삼각형이든 넓이의 공식은 $\frac{\text{밑변} \times \text{높이}}{2}$ 로 표시한다.

본질이 변하지 않는 평행사변형

평행사변형의 넓이 공식은 두 개의 동일한[12] 직각삼각형과 하나의 직사각형 넓이의 합이라고 정리할 수 있다.

〈그림 7-10〉에서 볼 수 있는 것처럼 평행사변형의 밑변은 $b-(-a)=b+a$이고 높이는 h[13]이다.

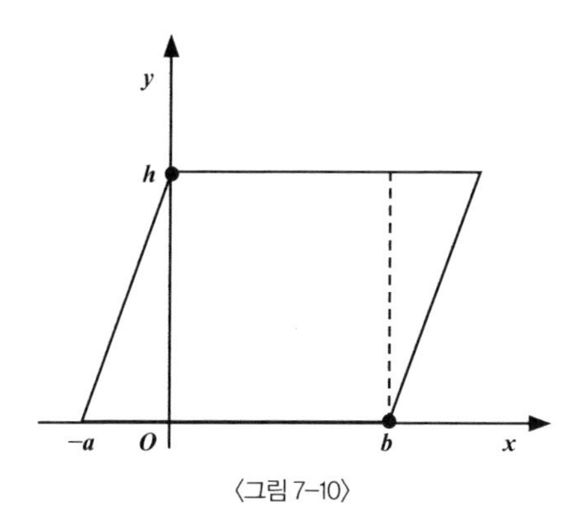

〈그림 7-10〉

알파벳 대문자 S로 평행사변형의 넓이를 표시하면 다음과 같다.

$$S = 2 \times \int_{-a}^{0} f(x)dx + \int_{0}^{b} g(x)dx$$

$$f(x) = \frac{h}{a} \cdot x + h$$

$$g(x) = h$$

[12] 형태와 넓이가 모두 동일한 두 개의 도형.

[13] 실제로는 $h-0$이지만 $h-0=h$이므로 0은 생략한다.

한 단계 더 계산하면 다음과 같다.

$$F(x) = \frac{h}{2a} \cdot x^2 + hx + C$$

$$G(x) = hx + C$$

$$\begin{aligned} S &= 2 \cdot [F(0) - F(-a)] + [G(b) - G(0)] \\ &= 2 \cdot \left[(0 - 0 + C) - \left(\frac{h}{2a} \cdot a^2 - ha + C\right)\right] + [G(b) - G(0)] \\ &= -2 \cdot \left(\frac{ha}{2} - ha\right) + [hb + C - 0 - C] \\ &= ha + hb \\ &= (a + b)h \end{aligned}$$

이렇게 하면 왜 평행사변형의 넓이를 구하는 공식이 밑변과 높이의 곱인지 알 수 있다. 그럼 이제 두 가지 상황을 통해서 사다리꼴의 넓이를 살펴보도록 하자. 〈그림 7-11〉과 〈그림 7-12〉는 두 가지 모양의 사다리꼴을 보여 주고 있다. 〈그림 7-11〉은 직각사다리꼴이고 〈그림 7-12〉는 비직각사다리꼴이다.[14]

---

⑭ 우리나라에는 직각사다리꼴, 비직각사다리꼴이라는 용어가 없다. 중국에서는 직각이 있는 사다리꼴을 직각사다리꼴, 직각이 없는 사다리꼴을 비직각사다리꼴로 구분하고 있다.

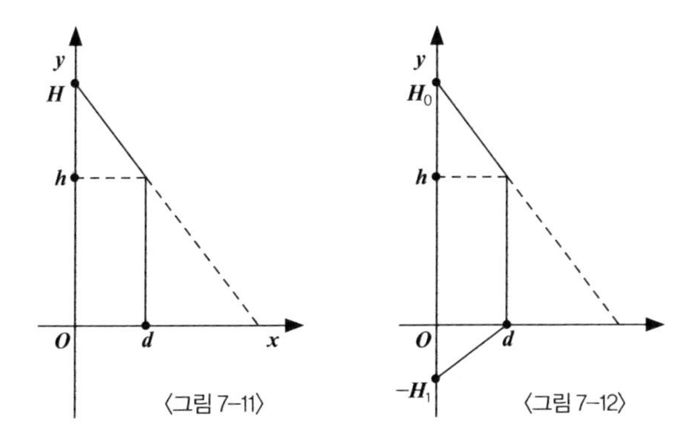

〈그림 7-11〉 〈그림 7-12〉

〈그림 7-11〉의 직각사다리꼴의 넓이 공식은 정적분의 정의를 이용해 증명할 수 있다.

$$S = \int_0^d f(x)dx$$

$$f(x) = \frac{h-H}{d}x + H$$

한 단계 더 계산하면 다음과 같다.

$$F(x) = \frac{h-H}{2d}x^2 + Hx + C$$

$$S = \int_0^d f(x)dx$$

$$= F(d) - F(0)$$

$$= \frac{h-H}{2d}d^2 + Hd + C - 0 - 0 - C$$

$$= \frac{(h-H)d}{2} + Hd$$

$$= \frac{hd}{2} + Hd - \frac{Hd}{2}$$

$$= \frac{hd}{2} + \frac{HD}{2}$$

$$= \frac{(h+H)d}{2}$$

이어서 〈그림 7-12〉의 비직각사다리꼴의 넓이 공식을 증명해 보자. 비직각사다리꼴의 넓이는 하나의 직각사다리꼴 넓이에 직각삼각형 넓이를 더한 것과 같다. 직각사다리꼴의 넓이는 방금 증명했던 공식을 적용하면 된다.

$$S_0 = \int_0^d f(x)dx$$

$$f(x) = \frac{h-H_0}{d}x + H_0$$

한 단계 더 계산하면 다음과 같다.

$$S_0 = \frac{(h+H_0)d}{2}$$

그러면 직각삼각형의 넓이만 구하면 된다.

$$S_1 = \int_0^d g(x)dx$$

$$g(x) = \frac{H_1}{d}x - H_1$$

한 단계 더 계산하면 다음과 같다.

$$
\begin{aligned}
G(x) &= \frac{H_1}{2d}x^2 - H_1x + C \\
S_1 &= \int_0^d g(x)dx \\
&= G(d) - G(0) \\
&= \frac{H_1}{2d}d^2 - H_1d + C - 0 + 0 - C \\
&= \frac{H_1d}{2} - H_1d \\
&= -\frac{H_1d}{2}
\end{aligned}
$$

그런데 여기에서 재미있는 일이 벌어진다. 넓이가 음의 값이 나온 것이다. 어떻게 된 일일까? 사실 이 문제는 앞에서도 잠깐 다룬 적이 있는데 $\sum$와 $\int$은 모두 합산을 의미하지만 합산하는 방향이 다르다고 했다. $\sum$는 수평 방향으로 합산해서 이동한 거리를 나타낸다(+3이 앞으로 세 걸음 간 것을 의미한다면 −3은 뒤로 세 걸음 간 것이다.).

$\int$은 수직 방향의 합산으로, 차지한 넓이를 나타낸다. 그러므로 +3은 종이 상자를 세 개 더 가져와 넓이가 늘어난 것이고 −3은 종이 상자 세 개를 치워 넓이가 줄어든 것을 의미한다.

그러나 실제로 삼각형 하나를 더해도 절약 넓이[15]가 없는 이유는 삼각형이

---

⑮ 우리나라에서는 사용하지 않는 중국식 표현이다.

x축 아래쪽에 있기 때문이다. 수학에서는 x축 위쪽의 넓이를 차지한다고 하고 x축 아래의 넓이는 절약한다고 표현한다.

여기에서는 절약 넓이가 없기 때문에 S_1에 대해 부호를 바꾸어 준다. 정리하면 삼각형의 실제 넓이는 S_1의 부호를 바꾼 값이다. 즉, 삼각형의 실제 넓이는 $-S_1$인 셈이다.

$$S_{\text{총넓이}} = S_0 + (-S_1) = S_0 - S_1$$

그러므로 다음의 식이 성립한다.

$$S_{\text{총넓이}} = S_0 - S_1 = \frac{(h+H_0)d}{2} + \frac{H_1 d}{2} = \frac{(h+H_0+H_1)d}{2}$$

이렇게 해서 어떤 모양의 사다리꼴이든 넓이는 밑변과 높이의 곱을 2로 나눈 값이라는 것을 증명해 냈다.

곡선사다리꼴[16]의 넓이 구하기

중학교에서 배운 모든 도형의 넓이 공식을 증명하였다. 지금부터는 새로

---

[16] 우리나라에서는 곡선사다리꼴이라는 용어를 사용하지 않는다. 일반적으로 곡선과 x축, $x=a$, $x=b$로 둘러싸인 부분의 넓이 또는 두 곡선 $x=a$, $x=b$로 둘러싸인 부분의 넓이라고 표현한다.

운 기하학 도형인 곡선사다리꼴에 대해 알아볼 것이다.

곡선사다리꼴의 넓이 공식만 구할 수 있다면 옷을 만들 때 천이 얼마나 드는지 알 수 있다. 먼저 곡선사다리꼴이 무엇인지 살펴보자.

일반적인 사다리꼴은 직각사다리꼴과 비직각사다리꼴로 나눴다. 곡선사다리꼴도 비슷한 형태로 나눌 수 있는데 직각 곡선사다리꼴과 비직각 곡선사다리꼴이다.

〈그림 7-13〉은 직각 곡선사다리꼴이다. 높이를 h, 곡선 구간의 함수를 $f(x)$라고 한다면 넓이는 다음과 같이 표시할 수 있다.

$$S = \int_0^h f(x)dx$$

$$S = F(h) - F(0)$$

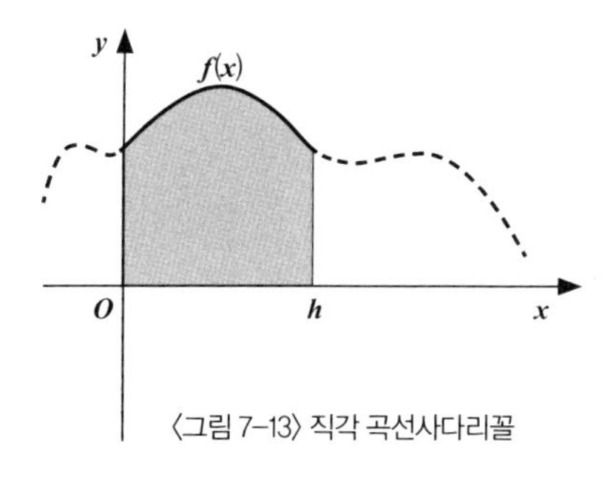

〈그림 7-13〉 직각 곡선사다리꼴

〈그림 7-14〉는 비직각사다리꼴이며 넓이는 다음과 같은 식으로 표시한다.

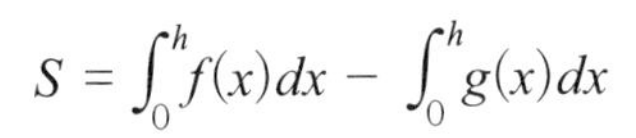

$$S = \int_0^h f(x)dx - \int_0^h g(x)dx$$

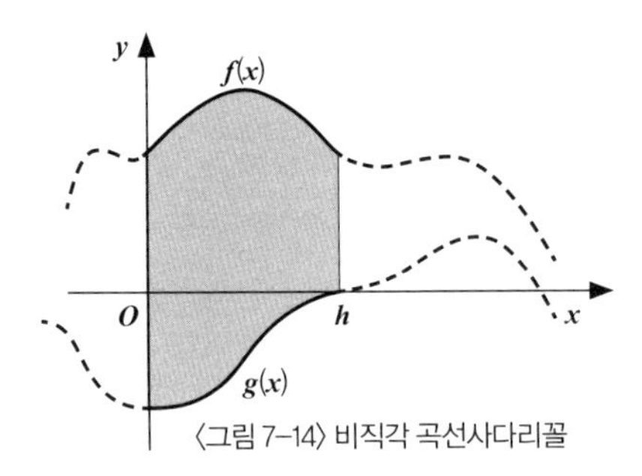

〈그림 7-14〉 비직각 곡선사다리꼴

왜 $+\int_0^h g(x)dx$가 아니라 $-\int_0^h g(x)dx$인지에 관해서는 비직각사다리꼴을 논의할 때 $\int$은 수직 방향의 합산이며 넓이를 의미한다고 설명하였다. 그럼 +3은 종이 상자 세 개를 더 가져와 넓이가 늘어난 것이고 −3은 종이 상자 세 개를 치워 넓이가 줄어든 것이다. 여기에서도 절약 넓이가 없으므로 부호를 바꾸어 주어야 한다.

한 단계 더 정리하면 다음과 같은 식이 만들어진다.

$$\begin{aligned} S &= \int_0^h f(x)dx - \int_0^h g(x)dx \\ &= [F(h) - F(0)] - [G(h) - G(0)] \\ &= F(h) - F(0) - G(h) + G(0) \end{aligned}$$

곡선사다리꼴은 먼저 곡선 부분의 곡선함수의 식을 구해야만 넓이 공식에 대입할 수 있다는 사실을 명심해야 한다. 넓이 공식은 독립변수를 가진 간단한 수학식으로 표현할 수 없기 때문이다.

심화 문제

옷을 앞면과 뒷면 그리고 양쪽 소매로 나눈다면 그동안 배운 것을 이용해서 얼마나 많은 천이 필요한지 계산할 수 있는가?
곡선사다리꼴을 사용한다면 V장에서 배운 곡선 맞춤에 관한 지식을 결합해서 곡선사다리꼴의 곡선과 대응하는 함수식을 적어 보라.

만두소가 많이 든 만두가 맛있다

많이 빚을까 적게 빚을까

III장에서처럼 다시 주방 안으로 들어가 보자. 이 장에서는 만두를 빚을 때 들어갈 만두소의 양을 계산해 볼 것이다. 만두피가 많고 만두소가 적다면 큰 만두를 빚어야 할까, 작은 만두를 빚어야 할까? 수학적인 해석을 통해서 만두 속에 숨어 있는 과학을 파헤쳐 보기로 하자.

원의 넓이에서 원의 둘레까지

앞에서 다룬 내용들을 통해 이제 미적분을 더 잘 이해하게 되었을 것이라 생각한다. VII장에서는 평면도형들의 넓이를 구하는 공식에 대해 알아보았다. 평면도형은 넓이 외에도 둘레를 구할 수 있다. 정사각형, 직사각형, 삼각형, 마름모, 사다리꼴, 평행사변형 등 직선으로 된 도형의 둘레는 각 변의 길

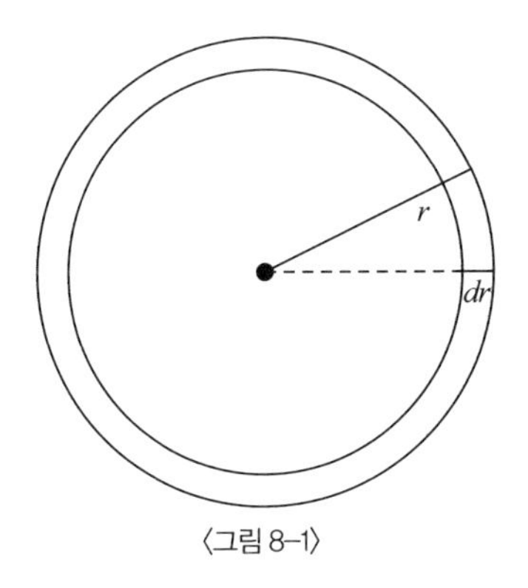

〈그림 8-1〉

이를 더한 값이다. 그러나 원이나 타원같이 곡선으로 이루어진 도형은 둘레를 어떻게 구할까? 이제부터 원의 둘레를 어떻게 구하는지 함께 알아보자.

〈그림 8-1〉은 반지름이 r인 원이다. 이 원 안에 모양은 같지만 반지름이 더 작은 원을 하나 더 그린다. 더 작은 원의 반지름은 r보다 dr만큼 작으므로 $r-dr$ 이라고 표시한다.

이때 dr 가 매우 작아 0에 근접한다면 큰 원과 작은 원의 넓이는 거의 동일하다고 볼 수 있다. 큰 원의 둘레는 큰 원의 넓이에서 작은 원의 넓이를 뺀 다음 dr로 나눈 값이라고 나타낼 수 있다.

수학적 용어로 표시하면 다음과 같다.

$$C = S_{\text{큰 원}} - S_{\text{작은 원}}$$

$$C = \frac{\pi r^2 - \pi(r - dr)^2}{dr}$$

원의 넓이 공식을 $f(x) = \pi x^2$이라고 한다면 위의 식은 다음과 같이 표시할 수 있다.

$$C = \frac{f(r) - f(r - dr)}{dr}$$

또한 dr이 0에 근접($dr \to 0$)하다는 사실을 알고 있으므로 다음과 같이 표시할 수도 있다.

$$C = \lim_{dr \to 0} \frac{f(r) - f(r - dr)}{dr}$$ ①

위의 식은 II장에서 배운 도함수 구하는 식과 일치하므로 원의 둘레를 도함수로 표현할 수도 있다. 즉, $C = f'(r)$이다.

$f(x) = \pi x^2$이므로 $f'(x) = 2\pi x$이고 원의 둘레는 $C = 2\pi r$이다.

그런데 이러한 식으로는 타원의 길이나 호의 길이를 계산할 수 없다. 그러므로 이럴 때에는 임의의 곡선의 길이를 계산할 수 있는 일반적인 방법이 필요하다.

호의 길이 공식

앞에서 도함수 공식으로 곡선의 길이를 구하는 것은 한계가 있다는 사실을 알았다. 그렇다면 조금 더 일반적인 방법으로 곡선의 길이를 계산해 보도록 하자. 〈그림 8-2〉처럼 함수 $y = f(x)$가 A에서 B까지의 길이라면 이 곡선을 직선에 가까운 몇 개의 작은 구간으로 나누어야 한다.

모든 작은 구간의 x좌표의 차를 dx라고 하면 작은 구간들의 y좌표의 차를 dy라고 표시한다.

---

① $C = \lim_{dr \to 0} \frac{f(r) - f(r - dr)}{dr} = \lim_{dr \to 0} \frac{f(r - dr) - f(r)}{-dr}$ 이고, $-dr = h$라고 하면 $dr \to 0$일때, $h \to 0$이고 주어진 식은 $\lim_{h \to 0} \frac{f(r + h) - f(r)}{h}$ 로 나타낼 수 있으므로 도함수 식과 일치한다.

$$dy = f(x + dx) - f(x) = f'(x)dx$$

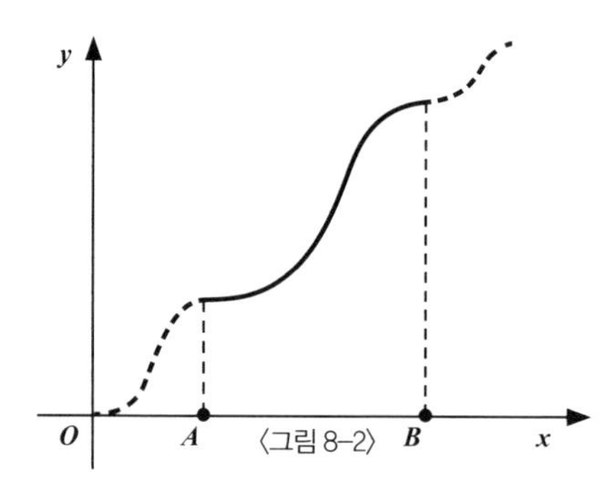

〈그림 8-2〉

여기에서 한 단계를 생략했는데 $dx \to 0$일 때, $f'(x) = \frac{f(x + dx) - f(x)}{dx}$[2]이기 때문이다. 등식의 양쪽에 동시에 dx를 곱하면 $f(x + dx) - f(x) = f'(x)dx$가 된다. 만약 직선에 가깝게 나누어진 곡선 구간을 ds로 표시한다면 피타고라스 정리를 이용해서 ds의 값을 나타낼 수 있다.

$$ds = \sqrt{(dx)^2 + (dy)^2}$$

$dy = f'(x)dx$를 위의 식에 대입하면 다음과 같다.

$$ds = \sqrt{(dx)^2 + [f'(x)dx]^2} = \sqrt{(dx)^2 + [f'(x)]^2(dx)^2} = \sqrt{1 + [f'(x)]^2}dx$$

② 편의를 위해 $\lim_{dx \to 0}$을 생략하였다.

이제 다시 정적분을 이용해 곡선의 길이 S를 계산한다.

$$S = \int_a^b \sqrt{1 + [f'(x)]^2} dx$$

위의 내용을 정리하면 함수 $f(x)$가 나타내는 곡선의 A에서 B 지점까지의 길이는 적분을 이용해 다음과 같이 나타낼 수 있다.

$$\int_a^b \sqrt{1 + [f'(x)]^2} dx$$

호의 길이 공식의 검증

직선은 기울기가 같은 무수한 곡선으로 구성되어 있다고 볼 수 있다. 간단한 일차함수를 통해 위의 공식을 검증해 보도록 하자.

어떤 곡선이 대응하는 함수가 $f(x) = 3x$라고 할 때 그래프의 $x = 1$에서 $x = 10$ 사이의 길이를 계산해 보자.

$$f(1) = 3 \cdot 1 = 3 \qquad f(10) = 3 \cdot 10 = 30$$

이 그래프가 직선이라는 사실을 알기 때문에 일반적인 방법으로 시작점과 끝점의 좌표를 구한 다음 각각 x좌표의 차와 y좌표의 차를 구하면 된다. 이렇게 하면 피타고라스 정리를 통해 이 선의 길이를 구할 수 있다.

$$
\begin{aligned}
S &= \sqrt{(x - x_0)^2 + [f(x) - f(x_0)]^2} \\
&= \sqrt{(10 - 1)^2 + [f(10) - f(1)]^2} \\
&= \sqrt{9^2 + [30 - 3]^2} \\
&= \sqrt{81 + 27^2} \\
&= \sqrt{810} \\
&= 9\sqrt{10}
\end{aligned}
$$

그러면 호의 길이 공식 $\int_a^b \sqrt{1 + [f'(x)]^2} \cdot dx$ 를 이용해 계산해 보자.

$f(x) = 3x$ 이므로 $f'(x) = 3$이다.

위의 결과를 $S = \int_a^b \sqrt{1 + [f'(x)]^2} \cdot dx$ 에 대입하면 다음과 같다.

$$
\begin{aligned}
S &= \int_1^{10} \sqrt{1 + [f'(x)]^2} \cdot dx \\
&= \int_1^{10} \sqrt{1 + [3]^2} \cdot dx \\
&= \int_1^{10} \sqrt{10} \cdot dx \\
&= \sqrt{10} \cdot 10 - \sqrt{10} \cdot 1 \\
&= 9\sqrt{10}
\end{aligned}
$$

이렇게 해서 $S = \int_a^b \sqrt{1 + [f'(x)]^2} \cdot dx$ 의 정확성을 검증했으므로 $f(x)$로 표시할 수 있는 곡선에 모두 사용할 수 있다.

겉넓이 구하기

입체도형의 경우 겉넓이를 구하는 것은 어렵지 않다. 직육면체, 정육면체 혹은 마름모처럼 간단한 평면도형으로 이뤄진 입체도형은 각 면의 넓이를 구한 다음 더하기만 하면 된다. 원기둥이나 원뿔의 경우에는 먼저 측면을 펼쳐 직사각형이나 부채꼴을 만들어 넓이를 구한 다음 겉넓이를 구하면 된다. 그런데 구, 타원체와 같은 입체도형은 겉넓이를 어떻게 구해야 할까?

여기에서는 구의 겉넓이를 구하는 방법을 알아보겠다. 〈그림 8-3〉은 구이다. 먼저 구를 가로로 평행하게 아주 얇은 몇 개의 조각으로 잘라 보자.

그런 다음 한 조각의 높이를 Δh라고 표시하고 $\Delta h \to 0$이라고 한다. 그럼 한 조각의 아래위 넓이는 거의 동일하므로 원기둥 측면 넓이의 합을 구하는 방법을 생각해 볼 수 있다. n으로 구의 중심과 마주한 아주 얇은 조각의 위치를 나타낸다고 하면 다음과 같다.

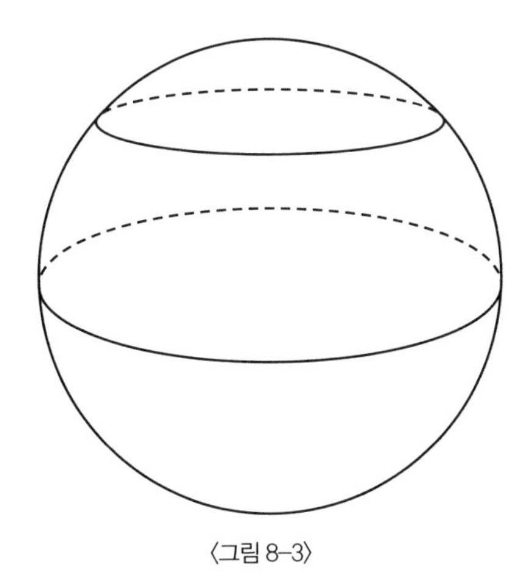

〈그림 8-3〉

$$S_n = 2\pi\sqrt{r^2 - n^2} \cdot \frac{r}{n}$$

위의 식으로 합을 구하면 $S = 4\pi r^2$이 된다.

부피 구하기

구의 겉넓이를 구할 수 있게 되었으므로 구와 기타 입체도형의 부피는 어떻게 구하는지 알아보자. 부피는 입체도형의 가로 단면의 넓이를 구하는 공식만 알면 된다. 구의 가로 단면은 원형이므로 단면의 넓이는 아래의 식으로 표현할 수 있다. 식에서 x는 원의 중심에서 가로 단면까지의 거리를 의미한다.

$$f(x) = \pi(r^2 - x^2)$$

정적분으로 구의 부피를 구하는 공식을 도출할 수도 있다.

계산을 쉽게 시작하기 위해 먼저 반구의 부피를 구한 다음 여기에 2를 곱하도록 한다.

$$\begin{aligned} V &= 2\int_0^r \pi(r^2 - x^2)dx \\ &= 2\left(\int_0^r \pi r^2 dx - \int_0^r \pi x^2 dx\right) \\ &= 2\pi r^3 - 2\int_0^r \pi x^2 dx \\ &= 2\pi r^3 - \frac{2}{3}\pi r^3 \end{aligned}$$

$$= \frac{6}{3}\pi r^3 - \frac{2}{3}\pi r^3$$

$$= \frac{4}{3}\pi r^3$$

이처럼 모든 입체도형은 가로 단면의 넓이 공식만 알면 위의 방법에 따라 부피를 구할 수 있다.

겉넓이를 다시 논하다

앞에서 원의 둘레를 구할 때 원의 넓이에서 조금 작은 원의 넓이를 뺀 다음 반지름의 차로 나누면 된다고 설명하였다. 마찬가지로 구의 겉넓이를 구할 때에도 구의 부피에서 조금 작은 구의 부피를 뺀 다음 반지름의 차로 나누면 된다. 앞서 이러한 방법을 통해 원의 둘레를 구하는 것은 넓이의 도함수를 구하는 것과 같다는 사실을 증명했다. 따라서 구의 겉넓이는 부피의 도함수를 구하는 것이다.

$$S = V'$$

$$S = \left(\frac{4}{3}\pi r^3\right)' = 4\pi r^2$$

앞에서 구한 결과와 동일하다는 것을 알 수 있다.

자주 저지르는 계산상의 오류

입체도형의 겉넓이를 구할 때 자주 언급되는 문제가 있다. 그것은 구의 겉넓이를 구할 때 왜 원둘레의 적분으로 구하지 않느냐는 것이다. 이 문제는 도형이 만들어지는 과정, 즉 점이 모여 선이 되고, 선이 모여 면이 되고, 면이 보여 부피가 되는 것에서 나오게 되었다.

그러나 고등 수학에서 선은 아주 작은 선들이 모여 만들어진 것이고, 면은 아주 작은 면들이 모여 만들어진 것이며, 부피는 아주 작은 부피들이 모여 만들어진 것이라고 본다. 원둘레는 아주 얇은 평평한 판으로 볼 수 있으므로 계산할 때 절단면의 둘레를 적분하는 것이 아니라 평평한 판의 측면을 적분하는 것이 맞다.

중적분 탐색

I장에서 다변수함수에 대하여 설명한 적이 있다. 하나의 함수 속에는 도함수, 미분, 적분, 테일러 전개 등의 개념이 들어 있다.

다변수함수도 마찬가지이다. 다만 다변수함수의 독립변수는 하나 이상(두 개 혹은 그 이상)인 것뿐이다. 그렇기 때문에 다변수함수 중 (여러 개의) 독립변수와 (하나의) 종속변수 사이의 관계는 일반 함수의 (하나의) 독립변수와 (하나의) 종속변수 사이의 관계보다 훨씬 복잡하다. [부록 4]에 서술한 다변수함수의 미적분에 관한 내용을 참고했으면 한다.

여기에서는 간단히 중적분을 이용해서 구의 겉넓이를 구하는 방법에 대해 알아보도록 하자. 이번에도 반구의 넓이를 구한 다음 2를 곱해 전체 겉넓이를 구할 것이다. 반구의 함수 방정식은 다음과 같이 정리할 수 있다.

$$z = f(x, y) = \sqrt{r^2 - x^2 - y^2}$$

먼저 [부록 4]의 다변수함수의 미적분에 관한 내용을 참고해서 함수 $f(x, y)$의 편도함수를 구한다.

$$\frac{\partial z}{\partial x} = \frac{-x}{\sqrt{r^2 - x^2 - y^2}} \qquad \frac{\partial z}{\partial y} = \frac{-y}{\sqrt{r^2 - x^2 - y^2}}$$

그러므로 $\sqrt{1 + \left(\frac{\partial z}{\partial x}\right)^2 + \left(\frac{\partial z}{\partial y}\right)^2} = \frac{r}{\sqrt{r^2 - x^2 - y^2}}$ 이 된다.

위의 식을 중적분의 형태로 정리하면 다음과 같다.

$$S = \iint_{\text{구면}} \frac{r}{\sqrt{r^2 - x^2 - y^2}}\, dxdy$$

이 식을 계산해서 동일한 결과가 나오는지 확인하면 된다.

만두소가 모자라면 어떻게 할까?

III장에서 배운 방법대로 반죽의 크기를 구하고 원의 넓이 공식을 이용해서 만두피의 넓이도 구했다면, 앞에서 배운 부피 공식에 따라 만두소가 얼마나 필요한지 계산해야 한다. 만두를 빚다 보면 만두피는 다 썼는데 만두소만 잔뜩 남아 있는 경우가 종종 생기기 때문이다. 계산을 쉽게 하기 위해 만두가 구에 가깝다고 가정하면 구의 부피(만두소)와 겉넓이(만두피)를 구할 수 있다. 만약 구에 가깝다는 가정으로 문제를 풀고 싶지 않다면 만두의 절단면을 관찰하여 부피와 겉넓이를 유추하는 방법도 있다. 단, 여기에서는 설명하지 않는다. 만두소의 부피가 $\frac{4}{3}\pi \cdot 3^3 = 36\pi$라고 한다면, 만두 하나를 빚었을 때 만두피의 넓이는 어떻게 될까? 이 만두는 반지름이 3인 구라고 간주할 수 있다. 따라서 겉넓이는 다음과 같다.

$$4\pi r^2 = 4\pi \cdot 3^2 = 36\pi$$

만약 만두소를 균등하게 나누어 만두 두 개를 빚는다면 만두 하나에는 부피가 18π인 만두소가 들어가게 되고 다음의 방정식을 나열하여 만두의 반지름을 구할 수 있다.

$$\begin{aligned} \frac{4}{3}\pi r^3 &= 18\pi \\ r^3 &= 18 \cdot \frac{3}{4} \\ r &= \sqrt[3]{\frac{27}{2}} \\ r &= 3 \cdot 2^{-\frac{1}{3}} \end{aligned}$$

이제 $r = 3 \cdot 2^{-\frac{1}{3}}$을 구 넓이 공식에 대입하기만 하면 된다. 만두를 두 개 빚었기 때문에 2를 곱해야 한다.

$$S = 2 \cdot 4\pi r^2 = 8\pi(3 \cdot 2^{-\frac{1}{3}})^2 = 72\pi \cdot 2^{-\frac{2}{3}}$$

$72\pi \cdot 2^{-\frac{2}{3}} > 36\pi$이므로 만두소가 많으면 만두를 더 크게 빚고, 만두소가 적으면 만두를 작게 빚으면 된다.

심화 문제

물방울의 가로 단면은 어떤 모양일까? 물방울의 부피와 겉넓이를 구할 수 있는가? 그렇다면 어떤 방법을 통해서 답을 구하고 검증할 수 있는지 계산식을 직접 써 보라.

함께 생각해 보기

〈그림 8–4〉는 정십이면체이다. 과연 어떤 방법으로 이 도형의 부피와 겉넓이를 구할 수 있을까? *힌트: 이 장에서 배운 내용에만 국한되지 않는다.

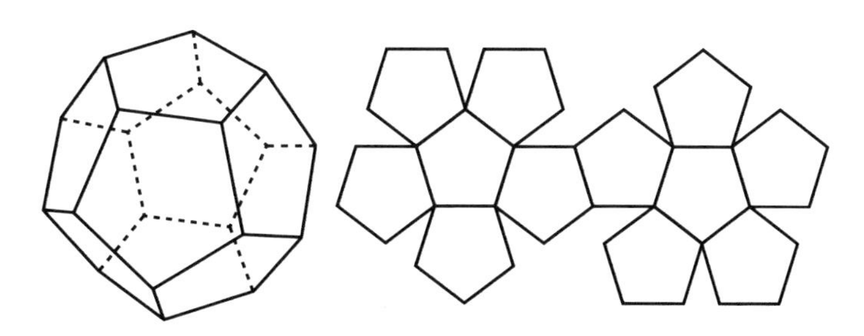

〈그림 8–4〉 정십이면체와 그 전개도

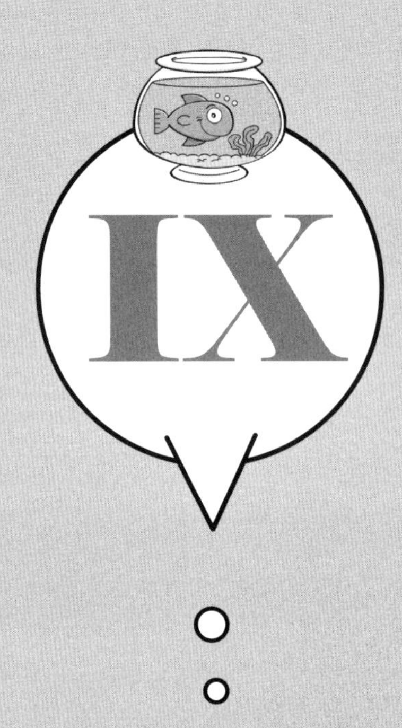

어항 고르기

물고기 키우기

가정에 어항을 두고 물고기를 키우는 것도 취미생활 중 하나이다. 그런데 이러한 관상용 물고기들이 어항의 수압과 수온에 극도로 민감하다는 사실을 알고 있는가? 그래서 물고기 키우기의 핵심은 좋은 어항을 고르는 것이다. 이 장에서는 과연 어떤 어항이 물고기에게 좋은 것인지 함께 알아보도록 하자.

수압의 계산

아름다운 관상용 물고기들은 어항의 수압과 수온에 매우 민감하다. 그래서 물고기를 잘 키우려면 좋은 어항을 고르는 것이 무엇보다 중요하다. 그럼 먼저 어항의 수압은 어떻게 계산하는지 알아보자.

수심 h 지점에서 단위 넓이당 압력은 다음과 같다.

$$p = \rho g h$$

어항 속의 수압을 수심 h 지점에서 S라는 평평한 면이 측면에서 받는 압력이라고 한다면 평평한 면이 수평의 위치에 있을 때 받는 수압은 다음과 같다.

$$P = p \cdot S$$

그런데 만약 평평한 판이 수평으로 놓여 있지 않다면 각 지점에서 받는 압력 p는 모두 다르다. 수심이 h인 직사각형 어항의 측면 벽에서 받는 수압은 얼마일까? 어항의 가로를 a, 세로를 b라고 하면 $P = p \cdot S$에 따라 어항이 받는 수압을 구할 수 있다.

$$P = \rho gh \cdot ab$$

어항의 측면 벽의 경우 미적분을 이용해 수압을 계산해야 한다. 깊이가 x인 지점의 수압은 다음과 같다.

$$p = \rho gx$$

또 어떤 지점에서 측면 벽의 총 넓이는 다음과 같이 표시한다.

$$S = 2(a + b)dx$$

이제 적분을 이용해서 측면 벽이 받는 수압을 계산해 보자.

$$dP = \rho gx \cdot 2(a + b)dx$$

$$P = \int_0^h \rho gx \cdot 2(a + b)dx = \rho g(a + b) \int_0^h 2xdx$$

$$= \rho g(a + b) \cdot (h^2 - 0^2) = \rho g(a + b)h^2$$

자세히 관찰해 보면 아주 작은 구간 안에서는 받는 힘이 일정하다는 사실을 알 수 있다. 앞에서 아주 작은 구간 내에서는 곡선을 직선으로 간주할 수 있다는 것과 일맥상통한다. 이처럼 수학과 물리는 비슷한 점이 많다.

수학과 물리

럭스 페테르Peter David Lax[①]는 이렇게 말하였다. "수학과 물리의 관계는 매우 돈독하다. 그 이유는 여러 수학 문제가 물리로부터 탄생했으며, 여러 가지 수학 이론도 물리를 바탕으로 발전해 왔기 때문이다."

물리학의 대가였던 아인슈타인Albert Einstein은 인력이 작용할 때 공간이 비틀어지거나 왜곡되는 문제에 대해 많은 고민을 했는데 유클리드 기하학만으로는 이 문제를 해결하지 못하였다. 그러나 프랑스의 수학자 베른하르트 리만Bernhard Riemann[②]의 리만 기하학을 접하고 단숨에 해결할 수 있었다.

리만의 연구는 수학에 새로운 길을 열어 줬으며 기하학은 더 이상 에우클레이데스Eukleides(영어로는 유클리드Euclid)가 이야기했던 면과 선의 영역에만 머물지 않게 되었다. 리만은 추상적이고 부피와 형태를 가진 공간의 개념을

---

① 럭스 페테르(Peter David Lax, 1926~). 헝가리 출신 미국계 수학자로 19살에 '맨해튼 계획'에 참여했으며 79세에 아벨상을 수상하였다.

② 베른하르트 리만(Bernhard Riemann, 1826~1866). 독일의 수학자이자 물리학자였으며 수학 분석과 미분기하학의 발전에 많은 공헌을 하였다. 그의 연구는 상대성 이론 연구의 길을 열어 줬다.

제시하였다. 50년 후 아인슈타인은 리만의 기하학을 통해서 뉴턴의 중력의 법칙에 특수 상대성 이론을 결합할 수 있다는 것을 발견했고 이를 통하여 일반 상대성 이론을 구축할 수 있었다.

미적분이 탄생하기 이전에 사람들은 대부분 움직이지 않고 변하지 않는 것에 대해 연구하였다. 그래서 변화하는 힘에 대한 작용은 물리학자들이 가장 고민하던 문제였다. 17세기에는 이미 많은 과학자들이 세계가 움직이고 계속 발전해 나가고 있다는 사실을 인지하고 있었다. 그러나 물체의 움직임과 변화에 관해서는 뚜렷한 해결 방법을 찾지 못하고 있었다. 그러던 중 미적분이 발명되었다. 미적분은 수학뿐만 아니라 물리적인 문제까지 해결할 수 있는 이상적인 도구였다.

17세기 초 독일의 천문학자 케플러[③]는 행성 운동에 관한 세 가지 법칙을 발표하였다. 그러나 그는 움직임에 대한 수학적 해석을 몰랐기 때문에 제2법칙에서 행성과 태양은 같은 시간, 같은 거리 내의 같은 넓이를 지나가는 것으로 연결되어 있다고 설명할 뿐이었다.

미적분은 물리학뿐만 아니라 천문학의 발전에도 많은 영향을 주었다. 만유인력에 대해 자세히 알아볼 기회가 있다면 만유인력과 미적분은 어떻게 연관이 있는지도 함께 알아보기 바란다.

---

③ 요하네스 케플러(Johannes Kepler, 1571~1630). 독일의 천문학자이자 물리학자이며 수학자이다. 케플러는 행성 운동에 관해 타원 궤도의 법칙, 면적속도 일정의 법칙, 조화의 법칙이라는 세 가지 법칙을 발견하였다.

변화하는 힘에 대한 작용

수압처럼 계속 변화하는 힘에 대한 작용은 이것을 아주 작은 구간으로 나누어 작은 구간 안에서는 힘이 변화하지 않는다고 간주해 계산한다.

일정한 힘에 대한 작용 공식은 다음과 같다.

$$W = F \cdot x$$

예를 들어 힘 F와 변위 x의 변화가 $F = kx$를 만족한다면 $dW = kx \cdot dx$가 된다. 만약 이 힘이 거리 a만큼 물체를 움직이게 하였다면 다음과 같은 식으로 정리할 수 있다.

$$W = \int_0^a kx \cdot dx = \frac{k}{2}a^2 - \frac{k}{2}0^2 = \frac{k}{2}a^2$$

이로써 아주 작은 구간 안에서는 일정한 힘이 작용한다는 사실을 다시 한 번 알게 된다. 또한 물리와 수학이 얼마나 밀접하게 연관되어 있는지도 깨닫게 되었으리라 생각한다.

심화 문제

관상용 물고기를 키우고 있는가? 지금 물고기를 키우고 있다면 그 물고기가 좋아하는 수압은 얼마인지 알아보고, 적당한 어항을 골라 준 다음 측면 벽의 수압을 계산해 보자.

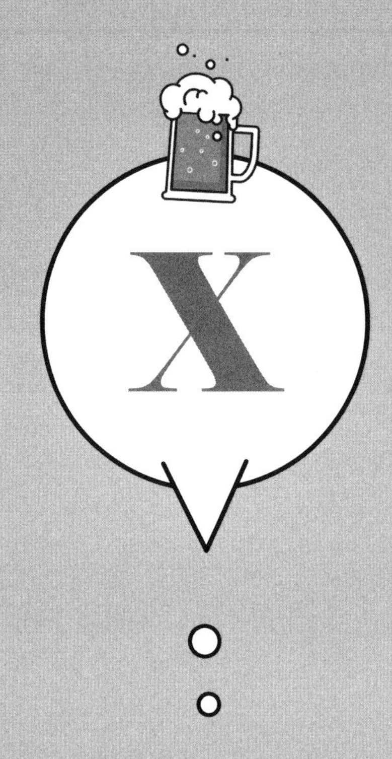

음주 운전은 안 돼요

알코올 중독

세계보건기구(WHO)에서는 알코올 복용이 전 인류의 조기 사망과 장애를 초래하는 위험 요인 중 세 번째이며 흡연에 의한 사망자 수보다도 더 큰 것으로, 전 세계적으로 사망과 장애의 3.5%가 음주로 발생하는 것으로 보고했다.

이렇듯 음주의 해악은 지속적으로 강조되고 있는 추세이다. 알코올 중독과 함께 음주 운전 역시 사회적으로 주목 받고 있다. 그래서 이 장에서는 음주와 미적분이 어떤 관계가 있는지 알아보도록 하겠다.

케플러와 미분방정식

알코올 중독에 대해 알아보기 위해서는 먼저 인체의 알코올 흡수와 배출에 대해서 이해해야 한다. 이러한 현상은 일반적인 함수 방정식으로는 표시할 수 없다. 그래서 움직임을 표현할 수 있는 방법을 사용하며 나타내야 한다.

미적분이 세상에 나오기 전 대부분의 과학자들은 움직이지 않는 상태에 대해서만 연구하였다. 17세기 초 독일의 천문학자 케플러는 행성 운동에 관한 3법칙을 발표하였다. 그러나 케플러 역시 움직이는 현상에 대한 수학적 이해가 없었기 때문에 제2법칙에서 행성과 태양을 잇는 직선은 같은 시간에 같은 넓이를 이동한다고 설명하였다.

사실 케플러는 행성의 운동 방향과 속도가 변화한다는 것을 인지하고 있었다. 이것은 우리가 지금 해결하려고 하는 알코올의 인체 내 흡수와 배출에 관한 문제와 비슷한 점이 많다. 이처럼 계속 변화하는 문제에 관해서는 변화 규칙을 나열해서 방정식을 만들어 풀어 나가야 하는데, 이것이 바로 미분방정식의 기원이다. 예전에 알고 있던 방정식의 답이 하나의 숫자였다면 미분방정식의 답은 미지의 함수가 될 수 있다.

미분방정식 탐색

간단히 설명하면 미분방정식은 미분을 포함한 방정식이다. 예를 들어 도함수를 미분의 비율이라고 나타낼 수 있듯이 미분을 포함한 방정식을 미분방정식이라고 이해할 수 있다. 그렇다면 어떤 선의 각 지점에서의 기울기 변화에 관한 식이 있다면 함수로 이 선을 나타낼 수 있을까?

앞에서 배운 내용에 따라 함수로 이 선을 표시할 수 있다는 사실을 알고 있다. 예를 들어 이 선이 각 지점에서의 기울기가 모두 $2x$라면 $y' = 2x$가 된다. y'를 미분의 형식으로 나타내면 다음과 같다.

$$\frac{dy}{dx} = 2x$$

이렇게 해서 미분방정식 하나를 구하였으므로 이제 방정식을 따라 y를 구하면 된다. 구체적인 과정은 아래와 같다.

$$\frac{dy}{dx} = 2x$$

위의 등식의 양쪽에 dx를 곱하면, 다음과 같이 된다.

$$\frac{dy}{dx} \cdot dx = 2x \cdot dx$$

$$dy = 2x \cdot dx$$

y를 구하고 싶다면 등식의 양쪽을 동시에 적분하면 된다.

$$\int dy = \int 2x \cdot dx$$

$$y = \int 2x \cdot dx$$

이를 계산하고 정리하면 최종 결과가 나온다.

$$y = x^2 + C$$

이렇게 해서 $\frac{dy}{dx} = 2x$의 답을 구하였다. 그러나 여기에는 상수 C가 포함되어 있기 때문에 이 상수의 값을 확인해야 한다. 하지만 이미 알고 있는 조건만으로는 상수 C의 값을 확인하기 어렵다. 그래서 새로운 조건을 하나 더 알아봐야 한다.

예를 들어 이 선이 지점 (1, 1)을 지난다고 하면 (1, 1)을 $y = x^2 + C$에 대입하는 것이다.

$$1 = 1^2 + C$$

그럼 이제 $C = 0$이라는 것을 알 수 있다.

$$y = x^2 + 0$$

$$y = x^2$$

그러므로 미분방정식 $\frac{dy}{dx} = 2x$의 답은 $y = x^2 + C$와 $y = x^2$ 둘 다 될 수 있다. 그러나 $y = x^2 + C$가 미지의 상수를 포함하고 있으므로 미분방정식의 일반적인 답에 더 가깝다고 할 수 있다.

동차방정식

미분방정식을 체계적으로 이해하려면 먼저 미분방정식을 기준에 따라 분류해야 한다. 그중 가장 자주 등장하는 것이 바로 동차방정식이다.

1차 미분방정식을 다음과 같은 형식으로 표시하면 바로 동차방정식이 된다.

$$\frac{dy}{dx} = \phi\left(\frac{y}{x}\right)$$

이러한 동차방정식에 $u = \frac{y}{x}$라고 가정한다면 다음과 같다.

$$y = ux$$

$$\frac{dy}{dx} = u + x\frac{du}{dx}$$

이제 동차방정식 $\frac{dy}{dx} = ø\left(\frac{y}{x}\right)$를 다음과 같은 식으로 나타낼 수 있다.

$$u + x\frac{du}{dx} = ø(u)$$

$$x\frac{du}{dx} = ø(u) - u$$

다시 한 번 계산하면 아래와 같이 나온다.

$$\frac{du}{ø(u) - u} = \frac{dx}{x}$$

이 등식의 양쪽을 동시에 적분하면 다음과 같다.

$$\int\frac{du}{ø(u) - u} = \int\frac{dx}{x}$$

적분해서 나온 결과에서 u를 $\frac{y}{x}$로 바꾸면 동차방정식의 일반적인 답이 나온다.

1차 선형방정식

동차방정식을 이해하였다면 이제 1차 선형방정식에 대해 알아보자. 1차 선형방정식에 관해 간단히 설명하면 미지수와 미지의 함수의 도함수를 모두 1차 방정식의 미분방정식이라고 한다. 수학적인 용어로 표현하면 다음과 같다.

$$\frac{dy}{dx} + P(x)y = Q(x)$$

1차 선형방정식에서 $Q(x)$가 0인지에 따라 동차방정식 여부가 결정된다. $Q(x)$가 0이라면 $\frac{dy}{dx} + P(x)y = 0$은 동차방정식이 되고 0이 아니라면 동차방정식이 아니다. 그럼 이제 동차선형방정식을 정리해 보자.

동차선형방정식 $\frac{dy}{dx} + P(x)y = 0$은 이항해서 다음과 같이 정리할 수 있다.

$$\frac{dy}{y} = -P(x)dx$$

이때 등식 양쪽을 적분하면 다음과 같다.

$$\ln|y| = -\int P(x)dx + C_1$$

다시 한 번 정리하면 다음과 같은 식이 된다.

$$y = Ce^{-\int P(x)dx} \quad (C = \pm e^{C_1})$$

미분방정식 모형

지금까지 공부했던 내용을 바탕으로 미적분에 대해 충분히 이해하였다면 이제 미적분과 수학 모형의 관계에 대해 알아보기로 하자. 수학 모형에 대해서는 I장에서 게임 이론을 통해서 접했었다. 이제 새로운 수학 모형인 미분방정식 모형을 살펴보도록 하자.

앞에서 이야기했던 것처럼 미적분이 나오기 전에 학자들은 대부분 정지되어 있는 상태를 연구하였다. 그렇다면 시간에 따라 변하는 사물에 대해서는 반드시 미적분의 개념을 통해 연구해야 한다. 미분방정식 모형은 바로 변화하는 사물이나 현상을 간소화시켜 만든 모형이다.

전염병 연구, 약물의 체내 분포, 인구 예측 등 연구와 미분방정식 모형은 불가분의 관계이다. 미분방정식 모형은 임상의학과 약리학의 발전에도 많은 영향을 미쳤으며, 나중에는 '약물동태학'이라는 새로운 과학 분야가 생겨나기도 하였다. 컴파트먼트 모형은 약물동태학 연구의 기본적인 단계이다. 일반적으로 혈중 약물의 농도를 알아보기 위해 사용하는 것은 2-컴파트먼트이다. 이 책이 전문 의학 서적은 아니므로 모형과 계산은 최대한 간소화하고, 여기에서는 가장 간단한 1-컴파트먼트 모형을 사용하도록 한다.

음주 모형을 간소화하여 장기 속의 알코올 양을 $x(t)$라 하고 혈중 알코올 양을 $y(t)$라 하면 다음과 같은 가설을 만들 수 있다.

(1) 장기 속의 알코올이 혈액으로 전해질 때 전해지는 비율은 알코올 양 $x(t)$와 정비례하고 k_1로 표시한다.

(2) 혈액 속의 알코올 배출 비율은 알코올 양 $y(t)$와 정비례하고 k_2로 표시한다.

(3) 총량이 M인 알코올은 $t = 0$의 순간에 장으로 들어간다.

(4) 알코올이 흡수되는 반쇠퇴기는 b_1이고 배출되는 반쇠퇴기는 b_2이다.

(5) 체중이 50~60㎏인 성인의 혈액 총량은 4000㎖이다.

위의 조건을 바탕으로 미지의 함수 $x(t)$와 $y(t)$에 대해 다음과 같은 식을 도출할 수 있다.

$$\frac{dx}{dt} = -k_1 x \qquad x(0) = M$$

$$\frac{dy}{dt} = k_1 x - k_2 y \qquad y(0) = 0$$

이렇게 하면 상술한 미분방정식의 답을 구할 수 있다.

$$x(t) = Me^{-k_1 t}$$

$$y(t) = \frac{Mk_1}{k_1 - k_2}\left(e^{-k_2 t} - e^{-k_1 t}\right)$$

k_1과 k_2의 값을 확인하고 싶다면 먼저 반쇠퇴기를 확인해야 한다.
즉, $x(b_1) = \frac{x(0)}{2}$ 을 통해서 k_1을 확인한다.

그런 다음 어떤 순간 T에 $y(T) = a$라고 설정한다면 $y(T + b_2) = \frac{a}{2}$를 통해서 k_2를 구할 수 있다.

이렇게 하면 술을 마셨을 때 알코올이 체내에 어떻게 분포되는지 알 수 있다.

심화 문제

알코올 중독 외에 약물의 오남용도 있다. 아미노필린 1100㎎을 삼킨 어떤 아이가 병원으로 왔다고 하자. 아미노필린[①]이 흡수[②]되는 반쇠퇴기가 약 5시간, 배출되는 반쇠퇴기가 약 6시간이고 아이의 총 혈액량이 약 2000㎖이다. 이러한 조건을 바탕으로 응급처치 방법을 설명해 보라.

---

① aminophylline. 기관지 확장제로 천식 치료에 사용되고 있는 약물. –편집자 주

② 혈중 약물 농도가 100㎎에 이르면 심각한 중독을 일으킨다.

후기

먼저 이 책에 관한 이야기를 해 보자. 우리는 지금까지 이 책을 통해서 미적분의 개념을 이해하고, 미적분을 통해 일상생활에서 일어나는 여러 가지 문제들의 해결 방법을 찾았다. 무엇보다 이 책이 일부 사람에게만 국한된 수학 교과서가 아니라 많은 사람이 미적분의 개념을 이해하고 실생활에 적용할 수 있도록 해 주는 길잡이가 될 수 있어서 정말 기쁘다.

만약 이 책의 모든 내용을 충분히 이해하였다면 당신은 이미 상당한 수학 지식을 갖춘 사람이 돼 있을 것이다. 다변수함수의 미분, 중적분, 곡면적분, 무한급수 등 이 책에서 다루지 않은 내용들도 있지만 미적분의 내용을 이해하면 모두 혼자서도 공부할 수 있는 분야이다.

고등 수학 공부를 계속 하고 싶은 독자들은 머지않아 '벡터'라는 개념을 접하게 될 것이다. 벡터는 방향과 크기를 지닌 힘을 의미한다. 이 책에서는 벡터의 개념을 자세히 소개하지 않았지만 벡터를 자연스럽게 사용하였다. 그러니 앞으로도 글로 쓰인 개념만 이해하기보다는 시간이 걸리더라도 실제 경험을 통해서 개념을 이해했으면 한다. 이 책에서 읽은 내용들은 시험을 보기 위해 쓴 것들이 아니기 때문이다.

나는 긴 편지를 쓴다는 기분으로 이 책을 썼다. 이 책 속에는 나의 여러 가지 관점들과 미적분에 관한 내 경험을 기록하였다. 이 책에는 다른 교과서처럼 어떤 개념에 대한 설명은 장황하게 나와 있지 않지만 대신에 나의 사고방식과 일상의 경험을 담았다. 수학적 능력은 정의를 얼마나 많이 아느냐가 아니라 어떻게 생각하느냐에 달렸기 때문이다.

내가 느끼는 수학의 가장 큰 매력은 재미이다. 수학이 처음 재미있다고 느꼈을 때에는 왜 지금껏 이런 재미를 모르고 살았을까 안타까운 생각이 들 정도였다. 수학이 재미있다는 생각을 하게 된 것은 고등학교 1학년 때 입체 기하학을 배울 때였던 것 같다. 그때 인문 계열과 자연 계열이 분리되어 따로 수학 수업을 받았는데, 우리를 가르치던 선생님께서는 문제를 풀 때 여러 가지 풀이 방법을 생각해 보라고 말씀하셨고 꼭 정답이 아니더라도 진지하게 문제를 생각해 보라고 권유하셨다. 그때부터 나는 수학에 재미를 느꼈고 선생님 말씀대로 한 문제에 대한 여러 가지 해법을 찾는 연습을 하였다. 지금 내가 문제를 푸는 방식과 수학 문제를 대하는 사고방식은 그때 그 시절에 만들어진 것이다.

이 책이 나올 수 있었던 것은 모두 선생님 덕분이다. 선생님이 아니었다면 이 책은 '류치의 수학'이라는 이름으로 영원히 내 블로그에만 남아 있었을 것이다. 또한 이 책을 읽는 모든 독자 여러분께도 감사의 인사를 전하며 많은 성과가 있기를 바란다.

– 류치

• 이 책에 사용된 부호 체계 •

부호	사용 예시	의미
$\lceil\ \rceil$	$\lceil x \rceil$	x를 올림한다.
$\lfloor\ \rfloor$	$\lfloor x \rfloor$	x를 내림한다.
$f(\ )$	$f(x)$	f는 x에 관한 함수
$\in$	$a \in A$	a가 A 집합에 포함되고 a는 A의 원소이다.
$\notin$	$a \notin A$	a가 A 집합에 포함되지 않고 a는 A의 원소가 아니다.
$\subset$	$A \subset B$	A는 B의 부분집합이다.
$\varnothing$	$\varnothing$	공집합
$-$	$A-B$	A와 B의 차집합
c	A^C	A의 여집합
N	N	자연수 집합
Z	Z	정수 집합
Q	Q	유리수 집합
R	R	실수 집합
C	C	복소수 집합
$f(\ )'$	$f(x)'$	함수 $f(x)$의 1계 도함수
$f(\ )^{(n)}$	$f(x)^{(n)}$	함수 $f(x)$의 n계 도함수
d	dx	x를 미분하다.
$F(\ )$	$F(x)$	$f(x)$의 원함수
$\int$	$\int f(x)dx$	$f(x)$의 부정적분을 구하다.
$\int_a^b$	$\int_a^b f(x)dx$	a에서 b까지 $f(x)$의 정적분을 구하다.

부록 2

• 공식 및 증명 •

제 1 부 도함수 공식 및 증명

• 결론 1 • 상수의 도함수는 0이다.

$f(x) = C$ (C는 상수)라고 가정하면

$$\therefore f'(x) = \lim_{\Delta x \to 0} \frac{f(x+\Delta x) - f(x)}{\Delta x} = \lim_{\Delta x \to 0} \frac{C - C}{\Delta x} = 0$$

∴ 그러므로 $f(x) = C$ 일 때, $f'(x) = 0$이다.

• 결론 2 • $f(x) = x^n$ 일 때, $f'(x) = nx^{n-1}$ (n은 상수)이다.

계산의 편의를 위해 $\lim_{\Delta x \to 0} \frac{f(x_0+\Delta x) - f(x_0)}{\Delta x}$ 의 형식이 아닌 $\lim_{x \to x_0} \frac{f(x) - f(x_0)}{x - x_0}$의 형식을 사용한다.

$f(x_0) = x_0^n$ (n 은 상수)라고 가정하면,

$$\begin{aligned}\therefore f'(x_0) &= \lim_{x \to x_0} \frac{f(x) - f(x_0)}{x - x_0} = \lim_{x \to x_0} \frac{x^n - x_0^n}{x - x_0} \\ &= \lim_{x \to x_0} (x^{n-1} + x_0 x^{n-2} + x_0^2 x^{n-3} + \cdots + x_0^{n-2} x + x_0^{n-1}) \\ &= n x_0^{n-1}\end{aligned}$$

아마 이 중에서 많은 사람들이 가장 이해하기 힘들어하는 부분이 바로 중간에 있는

식인 $\lim_{x \to x_0} \frac{x^n - x_0^n}{x - x_0} = \lim_{x \to x_0} (x^{n-1} + x_0 x^{n-2} + x_0^2 x^{n-3} + \cdots + x_0^{n-2} x + x_0^{n-1})$일 것이다. 이제 극한의 계산은 잠시 잊도록 하자. 그 이유는 등식 양변의 극한 부호가 변함이 없기 때문에 더 이상 극한을 계산하지 않아도 되기 때문이다.

그 결과 $\frac{x^n - x_0^n}{x - x_0} = x^{n-1} + x_0 x^{n-2} + x_0^2 x^{n-3} + \cdots + x_0^{n-2} x + x_0^{n-1}$만 남게 되고 이 식이 어떻게 나왔는지만 알아보면 된다. 이미 눈치 챈 독자들도 있을지 모르겠지만 이러한 식의 경우에는 왼쪽 분모의 $x - x_0$을 오른쪽으로 옮겨 주기만 하면 된다. 그럼 한번 검증해 보도록 하겠다.

먼저 오른쪽 변 $x^{n-1} + x_0 x^{n-2} + x_0^2 x^{n-3} + \cdots + x_0^{n-2} x + x_0^{n-1}$에 $x - x_0$을 곱해 보자.

$$(x^{n-1} + x_0 x^{n-2} + x_0^2 x^{n-3} + \cdots + x_0^{n-2} x + x_0^{n-1}) \cdot (x - x_0)$$

괄호를 열면 다음과 같은 식이 된다.

$$x^{n-1} \cdot (x - x_0) + x_0 x^{n-2} \cdot (x - x_0) + x_0^2 x^{n-3} \cdot (x - x_0) + \\ \cdots + x_0^{n-2} x \cdot (x - x_0) + x_0^{n-1} \cdot (x - x_0)$$

이 식을 다시 한번 정리해 보자.

$$x^n - x_0 x^{n-1} + x_0 x^{n-1} - x_0^2 x^{n-2} + \cdots + x_0^{n-2} x^2 - x_0^{n-1} x + x_0^{n-1} x - x_0^n$$

지울 수 있는 항을 모두 정리한다.

$$x^n - x_0^n$$

그러므로 다음과 같은 식이 성립한다.

$$(x^{n-1} + x_0x^{n-2} + x_0^2x^{n-3} + \cdots + x_0^{n-2}x + x_0^{n-1}) \cdot (x - x_0) = x^n - x_0^n$$

만약 등식의 양변을 $x - x_0$으로 나눈다면 다시 이런 식이 나온다.

$$\frac{x^n - x_0^n}{x - x_0} = x^{n-1} + x_0x^{n-2} + x_0^2x^{n-3} + \cdots + x_0^{n-2}x + x_0^{n-1}$$

이렇게 해서 이 단계를 어떻게 계산하는지 알아보았다. 사실 이런 문제는 복잡해 보여도 1 + 1 = 2처럼 익숙해지고 나면 능숙하게 풀 수 있게 될 것이다.

•결론 3• **$f(x) = sinx$ 일 때, $f'(x) = cosx$ 이다.**

$f(x) = \sin x$일 때

$$f'(x) = \lim_{\Delta x \to 0} \frac{f(x + \Delta x) - f(x)}{\Delta x} = \lim_{\Delta x \to 0} \frac{\sin(x + \Delta x) - \sin x}{\Delta x}$$

$$= \lim_{\Delta x \to 0} \frac{1}{\Delta x} \cdot [\sin(x + \Delta x) - \sin x]\text{이다.}$$

삼각형 합차공식 $\sin\alpha - \sin\beta = 2\cos\left(\frac{\alpha + \beta}{2}\right) \cdot \sin\left(\frac{\alpha - \beta}{2}\right)$에 따르면 원래의 공식은 다음과 같다.

$$\lim_{\Delta x \to 0} \frac{1}{\Delta x} \cdot 2\cos\left(x + \frac{\Delta x}{2}\right) \cdot \sin\left(\frac{\Delta x}{2}\right)$$

$$= \lim_{\Delta x \to 0} \frac{2}{\Delta x} \cdot \sin\left(\frac{\Delta x}{2}\right) \cdot \cos\left(x + \frac{\Delta x}{2}\right)$$

$$= \lim_{\Delta x \to 0} \frac{\sin\left(\frac{\Delta x}{2}\right)}{\frac{\Delta x}{2}} \cdot \cos\left(x + \frac{\Delta x}{2}\right)$$

위의 식을 살펴보면, $\lim_{\Delta x \to 0} \frac{\sin\left(\frac{\Delta x}{2}\right)}{\frac{\Delta x}{2}} \cdot \cos\left(x + \frac{\Delta x}{2}\right)$

앞쪽 부분이 우리가 앞에서 살펴보았던 핵심이 되는 극한 중 하나라는 사실을 알 수 있다. 뒤쪽의 $\cos\left(x + \frac{\Delta x}{2}\right)$는 $\Delta x \to 0$일 때 $\cos x$가 된다.

정리하면 $f(x) = \sin x$ 일때 $f'(x) = \cos x$이다.

· 결론 4 · $f(x) = \cos x$ 일 때, $f'(x) = -\sin x$ 이다.

$f(x) = \cos x$일 때

$$f'(x) = \lim_{\Delta x \to 0} \frac{f(x + \Delta x) - f(x)}{\Delta x} = \lim_{\Delta x \to 0} \frac{\cos(x + \Delta x) - \cos x}{\Delta x}$$

$$= \lim_{\Delta x \to 0} \frac{1}{\Delta x} \cdot [\cos(x + \Delta x) - \cos x]$$이다.

삼각형 합차공식 $\cos\alpha - \cos\beta = -2\sin\left(\frac{\alpha + \beta}{2}\right) \cdot \sin\left(\frac{\alpha - \beta}{2}\right)$에 따르면 원래의 공식은 다음과 같다.

$$\lim_{\Delta x \to 0} \frac{-2\sin\left(x + \frac{\Delta x}{2}\right) \cdot \sin\left(\frac{\Delta x}{2}\right)}{\Delta x}$$

$$= \lim_{\Delta x \to 0} \frac{-2\sin\left(\frac{\Delta x}{2}\right) \cdot \sin\left(x + \frac{\Delta x}{2}\right)}{\Delta x}$$

위의 식을 정리하면 다음과 같은 원래의 식을 구할 수 있다.

$$\lim_{\Delta x \to 0} \frac{\sin\left(\frac{\Delta x}{2}\right)}{\frac{\Delta x}{2}} \cdot \left[-\sin\left(x + \frac{\Delta x}{2}\right)\right]$$

위의 식을 살펴보면 $\lim_{\Delta x \to 0} \frac{\sin\left(\frac{\Delta x}{2}\right)}{\frac{\Delta x}{2}} \cdot \left[-\sin\left(x + \frac{\Delta x}{2}\right)\right]$의 앞쪽 부분이 역시 핵심이 되는 극한 중 하나라는 사실을 알 수 있다. 뒤쪽의 $-\sin\left(x + \frac{\Delta x}{2}\right)$는 $\Delta x \to 0$일 때 $-\sin x$가 된다.

결론 5 $f(x) = a^x$ **일 때,** $f'(x) = a^x \ln a \ (a>0, a \neq 1)$ **이다.**

$f(x) = a^x \ (a>0,\ a \neq 1)$일 때

$$f'(x) = \lim_{\Delta x \to 0} \frac{f(x+\Delta x) - f(x)}{\Delta x} = \lim_{\Delta x \to 0} \frac{a^{x+\Delta x} - a^x}{\Delta x}$$

$$= \lim_{\Delta x \to 0} \frac{a^x \cdot (a^{\Delta x} - 1)}{\Delta x} = a^x \cdot \lim_{\Delta x \to 0} \frac{a^{\Delta x} - 1}{\Delta x}$$

이 식에서는 $\lim_{\Delta x \to 0} \frac{a^{\Delta x} - 1}{\Delta x}$ 의 결과만 계산하면 $f(x) = a^x$ $(a>0,\ a \neq 1)$을 도출할 수 있다. 이때 $t = a^{\Delta x} - 1$이 되도록 한다.

$t = a^{\Delta x} - 1 \Rightarrow t + 1 = a^{\Delta x} \Rightarrow \log_a(t+1) = \log_a(a^{\Delta x}) \Rightarrow \Delta x = \log_a(t+1)$

이므로 $\Delta x = \log_a(t+1)$이다.

又 $\because \lim_{\Delta x \to 0} a^{\Delta x} = 1$, 즉 $\Delta x \to 0$일 때 $a^{\Delta x} \to 1$

$\therefore a^{\Delta x} - 1 \to 0$, 즉 $t \to 0$이다.

위의 내용을 정리하면 $\Delta x \to 0$일 때 $t \to 0$이므로

$\lim_{\Delta x \to 0} \frac{a^{\Delta x} - 1}{\Delta x} = \lim_{t \to 0} \frac{t}{\log_a(t+1)}$이다.

여기에서 $\frac{t}{\log_a(t+1)}$의 역수를 취하면

$\frac{\log_a(t+1)}{t} = \frac{1}{t} \cdot \log_a(t+1) = \log_a(t+1)^{\frac{1}{t}}$이다.

$\lim_{t \to 0}(1+t)^{\frac{1}{t}} = e$는 두 개의 중요한 극한 중 하나인 $\lim_{x \to \infty}\left(1 + \frac{1}{x}\right)^x = e$의 변형이다.

그래서 $\lim_{t \to 0} \log_a(1+t)^{\frac{1}{t}} = \log_a e = \frac{\log_e e}{\log_e a} = \frac{1}{\log_e a} = \frac{1}{\ln a}$이다.

$$\therefore \lim_{t \to 0} \frac{t}{\log_a(1+t)} = \ln a$$

$\therefore f(x) = a^x$일 때 $f'(x) = a^x \ln a (a>0,\ a \neq 1)$이다.

• 결론 6 • $f(x) = \log_a x$ 일 때, $f'(x) = \frac{1}{x\ln a}$ $(a>0, a \neq 1)$ 이다.

$f(x) = \log_a x$ $(a>0,\ a \neq 1)$일 때

$$f'(x) = \lim_{\Delta x \to 0} \frac{f(x+\Delta x) - f(x)}{\Delta x} = \lim_{\Delta x \to 0} \frac{\log_a(x+\Delta x) - \log_a x}{\Delta x}$$

$$= \lim_{\Delta x \to 0} \frac{1}{\Delta x} \cdot \log_a \frac{x + \Delta x}{x} = \lim_{\Delta x \to 0} \frac{1}{x} \cdot \frac{x}{\Delta x} \cdot \log_a \frac{x + \Delta x}{x}$$

$$= \lim_{\Delta x \to 0} \frac{1}{x} \cdot \frac{x}{\Delta x} \cdot \log_a \left(1 + \frac{\Delta x}{x}\right)$$

$$= \lim_{\Delta x \to 0} \frac{1}{x} \cdot \frac{\log_a\left(1 + \frac{\Delta x}{x}\right)}{\frac{\Delta x}{x}} = \frac{1}{x} \cdot \lim_{\Delta x \to 0} \frac{\log_a\left(1 + \frac{\Delta x}{x}\right)}{\frac{\Delta x}{x}}$$

이로써 '결론 5'와 비슷한 상황이 되었다.

이때 $t = \frac{\Delta x}{x}$라고 하면 $\frac{\log_a(t+1)}{t} = \frac{1}{t} \cdot \log_a(t+1) = \log_a(t+1)^{\frac{1}{t}}$ 이다.

$\lim_{t \to 0} (1+t)^{\frac{1}{t}} = e$는 두 개의 중요한 극한 중 하나인 $\lim_{x \to \infty}\left(1 + \frac{1}{x}\right)^x = e$의 변형이다.

그러므로 $\lim_{t \to 0} \log_a(t+1)^{\frac{1}{t}} = \log_a e = \frac{\log_e e}{\log_e a} = \frac{1}{\log_e a} = \frac{1}{\ln a}$이다.

$\therefore f(x) = \log_a x$일 때 $f'(x) = \frac{1}{x\ln a}$ $(a>0,\ a\neq 1)$

제 2 부 도함수 계산 법칙의 증명

•결론 7• $[u(x) \pm v(x)]' = u'(x) \pm v'(x)$

$$[u(x) \pm v(x)]' = \lim_{\Delta x \to 0} \frac{[u(x+\Delta x) \pm v(x+\Delta x)] - [u(x) \pm v(x)]}{\Delta x}$$

$$= \lim_{\Delta x \to 0} \frac{u(x+\Delta x) - u(x)}{\Delta x} \pm \lim_{\Delta x \to 0} \frac{v(x+\Delta x) - v(x)}{\Delta x}$$

$$= u'(x) \pm v'(x)$$

• 결론 8 • $[u(x) \cdot v(x)]' = u'(x) \cdot v(x) + u(x) \cdot v'(x)$

$$
\begin{aligned}
[u(x) \cdot v(x)]' &= \lim_{\Delta x \to 0} \frac{u(x+\Delta x) \cdot v(x+\Delta x) - u(x) \cdot v(x)}{\Delta x} \\
&= \lim_{\Delta x \to 0} \left[\frac{u(x+\Delta x) - u(x)}{\Delta x} \cdot v(x+\Delta x) + u(x) \cdot \frac{v(x+\Delta x) - v(x)}{\Delta x} \right] \\
&= \lim_{\Delta x \to 0} \frac{u(x+\Delta x) - u(x)}{\Delta x} \cdot \lim_{\Delta x \to 0} v(x+\Delta x) + u(x) \cdot \lim_{\Delta x \to 0} \frac{v(x+\Delta x) - v(x)}{\Delta x} \\
&= u'(x) \cdot v(x) + u(x) \cdot v'(x)
\end{aligned}
$$

• 결론 9 • $\left[\frac{u(x)}{v(x)}\right]' = \frac{u'(x)v(x) - u(x)v'(x)}{\{v(x)\}^2}$

$$
\begin{aligned}
\left[\frac{u(x)}{v(x)}\right]' &= \lim_{\Delta x \to 0} \frac{\dfrac{u(x+\Delta x)}{v(x+\Delta x)} - \dfrac{u(x)}{v(x)}}{\Delta x} \\
&= \lim_{\Delta x \to 0} \frac{u(x+\Delta x) \cdot v(x) - u(x) \cdot v(x+\Delta x)}{v(x+\Delta x) \cdot v(x) \cdot \Delta x} \\
&= \lim_{\Delta x \to 0} \frac{\dfrac{u(x+\Delta x) - u(x)}{\Delta x} \cdot v(x) - u(x) \cdot \dfrac{v(x+\Delta x) - v(x)}{\Delta x}}{v(x+\Delta x) \cdot v(x)} \\
&= \frac{u'(x)v(x) - u(x)v'(x)}{\{v(x)\}^2}
\end{aligned}
$$

• 결론 10 • $[f^{-1}(x)]' = \frac{1}{f'(y)}$

함수 $x = f(y)$가 어떤 구간에서 단조성을 띠고 연속하며 도함수를 구할 수 있다면 $x = f(y)$의 역함수 $y = f^{-1}(x)$가 존재하기 때문에 $y = f^{-1}(x)$ 역시 같은 구간에서 단조성을 띠고 연속한다. 그러므로 $\Delta y = f^{-1}(x+\Delta x) - f^{-1}(x)$이고 $\Delta y \neq 0$이다.

$$\frac{\Delta y}{\Delta x} = \frac{1}{\frac{\Delta x}{\Delta y}}$$

$\because y = f^{-1}(x)$는 연속한다.

그러므로 $\lim_{\Delta x \to 0} \Delta y = 0$

$\therefore$위의 내용을 정리하면 다음과 같이 된다.

$$[f^{-1}(x)]' = \lim_{\Delta x \to 0} \frac{\Delta y}{\Delta x} = \lim_{\Delta y \to 0} \frac{1}{\frac{\Delta x}{\Delta y}} = \frac{1}{f'(y)}$$

제 3 부 부정적분의 성질 및 관련 공식

• 결론 11 • $\frac{d}{dx}\int f(x)\,dx = f(x)$ 또는 $\frac{d}{dx}\left[\int f(x)\,dx\right] = f(x)$ 이다.

부정적분의 첫 번째 정의, [만약 $F'(x) = f(x)$라면 $F(x)$는 $f(x)$의 부정적분(원시함수)이다.]와 두 번째 정의, $\left[\int f(x)dx = F(x) + C\,(C\text{는 임의의 상수})\right]$를 통해 $\int f(x)$는 $f(x)$의 부정적분(원시함수)이라는 사실을 알 수 있다. 그러므로 $\frac{d}{dx}\left[\int f(x)dx\right] = f(x)$ 이다.

즉, $d\left[\int f(x)dx\right] = f(x)dx$ 이다.

$df(x) = f'(x)dx$ 라고도 나타낸다.

'모듈화 사고방식'이라는 것이 있는데 다음과 같은 식을 기억해 놓아야 한다.

$$d[\text{모듈}] = [\text{모듈의 도함수}]\, dx$$

여기에서 '모듈'은 임의의 식이거나 동일한 식의 도함수일 수 있다.

• 결론 12 • **$f(x_1)$ 에 부정적분이 존재하고 $x_1 = g(x_2)$의 도함수를 구할 수 있다면**

$\int f[g(x_2)]g'(x_2)dx_2 = \int f(x_1)dx_1$ 이다.①

○증명: $f(x_1)$에 부정적분이 존재한다면 부정적분은 $F(x_1)$이다.

$$F'(x_1) = f(x_1)$$

$$\int f(x_1)dx1 = F(x_1) + C$$

만약 x_1이 중간 변수라면 $x_1 = g(x_2)$이고 $g(x_2)$는 미분할 수 있다.

합성함수의 미분 법칙에 따르면 다음과 같이 된다.

$$\int f[g(x_2)]g'(x_2)dx_2 = F[g(x_2)] + C = \int f(x_1)dx_1$$

---

① 일부 학자들은 결론 12에서 언급한 치환적분법을 제1치환적분법과 제2치환적분법으로 나눠야 한다고 주장한다. 제1치환적분법은 차미분법이라고도 하며 두 개의 식을 서로 곱하는 형식으로 합성함수 미분의 역연산으로 간주한다. 그 외 다른 종류의 치환적분법은 제2치환적분법으로 분류한다. 학계에서는 이러한 분류 방법에 대해 논쟁이 일어났는데 주요 쟁점은 제1치환적분법과 제2치환적분법에 명확한 경계가 없다는 것이다. 결론 12가 증명하는 것은 제1치환적분법이고 결론 13은 결론 12의 변환 형식이지만 실질적으로는 제2치환적분법이다. 여전히 학계에서는 제1치환적분법과 제2치환적분법을 명확히 구분해야 한다고 주장하고 있다.

정리하면, $\int f[\,g(x_2)]g'(x_2)dx_2 = \int f(x_1)dx_1$이다. 이로써 증명된다.

•결론 13• $f\,[\,g\,(x_2)\,]\cdot g'(x_2)$의 부정적분이 존재하고 $x_1 = g\,(x_2)$가 x_2의 어떤 구간에서 단조성을 띠고 도함수를 구할 수 있으며 $g\,(x_2)$의 도함수 $g'(x_2) \neq 0$ 이다.

즉, $\int f(x_1)dx_1 = \int f[\,g(x_2)]g'(x_2)dx_2$이다.

•결론 14• 함수 $f(x)$와 $g(x)$ 모두 연속 도함수를 가진 함수라면

$$\int f(x)dg(x) = f(x)g(x) - \int g(x)df(x)$$

○증명: 함수 $f(x)$와 $g(x)$ 모두 연속하는 도함수를 가진 함수이므로 도함수의 곱셈 법칙에 따르면 다음과 같다.

$$[\,f(x)g(x)]' = f'(x)g(x) + f(x)g'(x)$$

이항하면 다음과 같다.

$$f(x)g'(x) = [\,f(x)g(x)\,]' - f'(x)g(x)$$

양변의 부정적분을 구한다.

$$\int f(x)g'(x)dx = f(x)g(x) - \int g(x)f'(x)dx$$

정리하면 아래와 같다.

$$\int f(x)dg(x) = f(x)g(x) - \int g(x)df(x)$$

이로써 증명된다.

제 4 부 삼각함수에 자주 사용되는 공식

❖ 피타고라스의 정리

〈보기 1〉에 보이는 풍차 모양의 그림은 삼각 분할 그래프라고 한다. 이 중 네 개의 직각삼각형은 완전 동일한 것이다. 모든 직각삼각형에서 직각을 낀 짧은 변의 길이를 a, 직각을 낀 긴 변의 길이를 b, 빗변의 길이를 c라고 하자. a, b, c는 어떤 관계가 있을까?

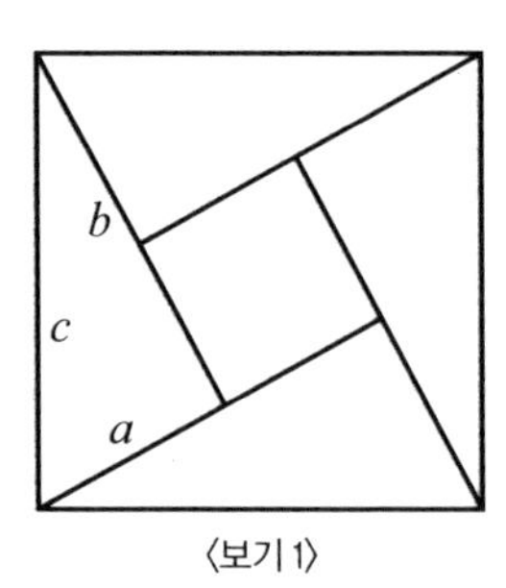

〈보기 1〉

먼저 가운데 작은 정사각형 한 변의 길이는 직각을 낀 긴 변에서 직각을 낀 짧은 변의 길이를 뺀 값, 즉 $b - a$이고 넓이는 $(b - a)^2$이다.

네 개의 직각삼각형 넓이는 직각을 낀 짧은 변과 긴 변의 길이의 곱을 2로 나눈 $\frac{ab}{2}$이다. 그렇다면 네 개의 직각삼각형 넓이는 $2ab$이고 큰 정사각형의 넓이는 빗변의 제곱, 즉 c^2이며 $(b - a)^2 + 2ab$로 나타낼 수도 있다.

그러므로 $c^2 = (b - a)^2 + 2ab$이고 정리하면 $a^2 + b^2 = c^2$이다.

❖ 제곱 공식 1

$\sin^2\theta + \cos^2\theta = 1$

○증명: 좌변 $= \sin^2\theta + \cos^2\theta = \left(\frac{높이}{빗변}\right)^2 + \left(\frac{밑변}{빗변}\right)^2 = \frac{높이^2}{빗변^2} + \frac{밑변^2}{빗변^2}$

$= \frac{높이^2 + 밑변^2}{빗변^2} = \frac{빗변^2}{빗변^2}$ (그 외에는 피타고라스의 정리를 사용한다.)

$= 1$

정리하면, 좌변 = 우변이다.

❖ 제곱 공식 2

$\sin^2\theta - 1 = \tan^2\theta$

○증명: 좌변 $= \sec^2\theta - 1$

$= \left(\frac{1}{\cos\theta}\right)^2 - 1$

$= \frac{1}{\cos^2\theta} - \sin^2\theta - \cos^2\theta$

$= \frac{1 - \sin^2\theta\cos^2\theta - \cos^4\theta}{\cos^2\theta}$

$= \frac{\sin^2\theta + \cos^2\theta - \sin^2\theta\cos^2\theta - \cos^4\theta}{\cos^2\theta}$

$$= \tan^2\theta + \frac{\cos^2\theta - \sin^2\theta\cos^2\theta - \cos^4\theta}{\cos^2\theta}$$

$$= \tan^2\theta + (1 - \sin^2\theta - \cos^2\theta)$$

$$= \tan^2\theta + (\sin^2\theta + \cos^2\theta - \sin^2\theta - \cos^2\theta)$$

$$= \tan^2\theta$$

정리하면, 좌변 = 우변이다.

제곱 공식 2를 다음과 같이 나타낼 수도 있다.

$$1 + \tan^2\theta = \sec^2\theta$$

이 식도 자주 사용된다.

• 적분표 •

제 1 부 기본 적분표

(1) $\int k dx = kx + C$ (k는 상수)

(2) $\int x^n dx = \frac{x^{n+1}}{n+1} + C$ ($n \neq -1$)

(3) $\int x^{-1} dx = \int \frac{1}{x} dx = \ln|x| + C$

(4) $\int \frac{1}{1+x^2} dx = \arctan x + C$

(5) $\int \frac{1}{\sqrt{1-x^2}} dx = \arcsin x + C$

(6) $\int \cos x dx = \sin x + C$

(7) $\int \sin x dx = -\cos x + C$

(8) $\int \sec^2 x dx = \int \frac{1}{\cos^2 x} dx = \tan x + C$

(9) $\int \csc^2 x dx = \int \frac{1}{\sin^2 x} dx = -\cot x + C$

(10) $\int \sec x \tan x dx = \sec x + C$

(11) $\int \csc x \cot x dx = -\csc x + C$

(12) $\int e^x dx = e^x + C$

(13) $\int a^x dx = \frac{a^x}{\ln a} + C$

제 2 부 유리함수 적분표

(14) $\int (ax + b)^n dx = \frac{1}{a(n+1)}(ax + b)^{n+1} + C \quad (n \neq -1)$

(15) $\int (ax + b)^{-1} dx = \int \frac{1}{ax + b} dx = \frac{1}{a} \ln |ax + b| + C$

(16) $\int \frac{x}{ax + b} dx = \frac{1}{a^2}(ax + b - b\ln |ax + b|) + C$

(17) $\int \frac{x^2}{ax+b}dx = \frac{1}{a^3}\left[\frac{1}{2}(ax+b)^2 - 2b(ax+b) + b^2\ln|ax+b|\right] + C$

(18) $\int \frac{1}{x(ax+b)}dx = -\frac{1}{b}\ln\left|\frac{ax+b}{x}\right| + C$

(19) $\int \frac{1}{x^2(ax+b)}dx = -\frac{1}{bx} + \frac{a}{b^2}\ln\left|\frac{ax+b}{x}\right| + C$

(20) $\int \frac{x^2}{(ax+b)^2}dx = \frac{1}{a^2}\left(\ln|ax+b| + \frac{b}{ax+b}\right) + C$

(21) $\int \frac{x^2}{(ax+b)^2}dx = \frac{1}{a^3}\left(ax+b - 2b\ln|ax+b| - \frac{b^2}{ax+b}\right) + C$

(22) $\int \frac{1}{x(ax+b)^2}dx = \frac{1}{b(ax+b)} - \frac{1}{b^2}\ln\left|\frac{ax+b}{x}\right| + C$

(23) $\int \frac{1}{x^2+a^2} = \frac{1}{a}\arctan\frac{x}{a} + C$

(24) $\int \frac{1}{x^2-a^2}dx = \frac{1}{2a}\ln\left|\frac{x-a}{x+a}\right| + C$

(25) $\int \frac{1}{(x^2+a^2)^n}dx = \frac{x}{2(n-1)a^2(x^2+a^2)^{n-1}} + \frac{2n-3}{2(n-1)a^2}\int \frac{1}{(x^2+a^2)^{n-1}}dx$

(26) $\int \frac{1}{ax^2+b}dx = \frac{1}{\sqrt{ab}}\arctan\sqrt{\frac{a}{b}}\,x + C \quad (a>0,\ b>0)$

(27) $\int \frac{1}{ax^2+b}dx = \frac{1}{2\sqrt{-ab}}\ln\left|\frac{\sqrt{a}x-\sqrt{-b}}{\sqrt{a}x+\sqrt{-b}}\right| + C \quad (a>0,\ b<0)$

(28) $\int \frac{x}{ax^2+b}dx = \frac{1}{2a}\ln|ax^2+b| + C \quad (a>0)$

(29) $\int \frac{x^2}{ax^2+b}dx = \frac{x}{a} - \frac{b}{a}\int \frac{1}{ax^2+b}dx \quad (a>0)$

(30) $\int \frac{1}{x(ax^2+b)}dx = \frac{1}{2b}\ln\frac{x^2}{|ax^2+b|} + C \quad (a>0)$

(31) $\int \frac{1}{x^2(ax^2+b)}dx = -\frac{1}{bx} - \frac{a}{b}\int \frac{1}{ax^2+b}dx \quad (a>0)$

(32) $\int \frac{1}{x^3(ax^2+b)}dx = \frac{a}{2b^2}\ln\frac{|ax^2+b|}{x^2} - \frac{1}{2bx^2} + C \quad (a>0)$

(33) $\int \frac{1}{(ax^2+b)^2}dx = \frac{x}{2b(ax^2+b)} + \frac{1}{2b}\int \frac{1}{ax^2+b}dx \quad (a>0)$

(34) $\int \frac{1}{ax^2+bx+c}dx = \frac{2}{\sqrt{4ac-b^2}}\arctan\frac{2ax+b}{\sqrt{4ac-b^2}} + C \quad (a>0,\ b^2<4ac)$

(35) $\int \frac{1}{ax^2+bx+c}dx = \frac{1}{\sqrt{b^2-4ac}}\ln\left|\frac{2ax+b-\sqrt{b^2-4ac}}{2ax+b+\sqrt{b^2-4ac}}\right| + C \quad (a>0,\ b^2>4ac)$

(36) $\int \frac{x}{ax^2+bx+c}dx = \frac{1}{2a}\ln|ax^2+bx+c| - \frac{b}{2a}\int \frac{1}{ax^2+bx+c}dx \quad (a>0)$

(37) $\int \sqrt{ax+b}\,dx = \frac{2}{3a}\sqrt{(ax+b)^3} + C$

(38) $\int x\sqrt{ax+b}\,dx = \frac{2}{15a^2}(3ax-2b)\sqrt{(ax+b)^3} + C$

(39) $\int x^2\sqrt{ax+b}\,dx = \frac{2}{105a^3}(15a^2x^2-12abx+8b^2)\sqrt{(ax+b)^3} + C$

(40) $\int \frac{x}{\sqrt{ax+b}}\,dx = \frac{2}{3a^2}(ax-2b)\sqrt{ax+b} + C$

(41) $\int \frac{x^2}{\sqrt{ax+b}}\,dx = \frac{2}{15a^3}(3a^2x^2-4abx+8b^2)\sqrt{ax+b} + C$

(42) $\int \frac{1}{x\sqrt{ax+b}}\,dx = \frac{1}{\sqrt{b}}\ln\left|\frac{\sqrt{ax+b}-\sqrt{b}}{\sqrt{ax+b}+\sqrt{b}}\right| + C \quad (b>0)$

(43) $\int \frac{1}{x\sqrt{ax+b}}\,dx = \frac{2}{\sqrt{-b}}\arctan\sqrt{\frac{ax+b}{-b}} + C \quad (b<0)$

(44) $\int \frac{1}{x^2\sqrt{ax+b}}\,dx = -\frac{\sqrt{ax+b}}{bx} - \frac{a}{2b}\int \frac{1}{x\sqrt{ax+b}}\,dx$

(45) $\int \frac{\sqrt{ax+b}}{x}dx = 2\sqrt{ax+b} + b\int \frac{1}{x\sqrt{ax+b}}\,dx$

$$(46)\ \int \frac{\sqrt{ax+b}}{x^2}dx = -\frac{\sqrt{ax+b}}{x} + \frac{a}{2}\int \frac{1}{x\sqrt{ax+b}}dx$$

$$(47)\ \int \sqrt{\frac{x-a}{x-b}}\,dx = (x-b)\sqrt{\frac{x-a}{x-b}} + (b-a)\ln\left(\sqrt{|x-a|} + \sqrt{|x-b|}\right) + C$$

$$(48)\ \int \sqrt{\frac{x-a}{b-x}}\,dx = (x-b)\sqrt{\frac{x-a}{b-x}} + (b-a)\arcsin\sqrt{\frac{x-a}{b-x}} + C$$

$$(49)\ \int \frac{1}{\sqrt{(x-a)(b-x)}}\,dx = 2\arcsin\sqrt{\frac{x-a}{b-a}} + C \quad (a<b)$$

$$(50)\ \int \sqrt{(x-a)(b-x)}\,dx = \frac{2x-a-b}{4}\sqrt{(x-a)(b-x)} + \frac{(b-a)^2}{4}\arcsin\sqrt{\frac{x-a}{b-a}} + C \quad (a<b)$$

제 4 부 무리함수 적분표 ❷ $(a>0)$[①]

$$(51)\ \int \frac{1}{\sqrt{x^2+a^2}}\,dx = \mathrm{arsh}\frac{x}{a} + C_1 = \ln(x + \sqrt{x^2+a^2}) + C$$

① 여기에서 모든 a는 $a>0$을 만족한다.

(52) $$\int \frac{1}{\sqrt{(x^2+a^2)^3}}\,dx = \frac{x}{a^2\sqrt{x^2+a^2}} + C$$

(53) $$\int \frac{x}{\sqrt{(x^2+a^2)}}\,dx = \sqrt{x^2+a^2} + C$$

(54) $$\int \frac{x}{\sqrt{(x^2+a^2)^3}}\,dx = -\frac{1}{\sqrt{x^2+a^2}} + C$$

(55) $$\int \frac{x^2}{\sqrt{x^2+a^2}}\,dx = \frac{x}{2}\sqrt{x^2+a^2} - \frac{a^2}{2}\ln(x+\sqrt{x^2+a^2}) + C$$

(56) $$\int \frac{1}{x\sqrt{x^2+a^2}}\,dx = \frac{1}{a}\ln\frac{\sqrt{x^2+a^2}-a}{|x|} + C$$

(57) $$\int \frac{x^2}{\sqrt{(x^2+a^2)^3}}\,dx = -\frac{x}{\sqrt{x^2+a^2}} + \ln(x+\sqrt{x^2+a^2}) + C$$

(58) $$\int \frac{1}{x^2\sqrt{x^2+a^2}}\,dx = -\frac{\sqrt{x^2+a^2}}{a^2x} + C$$

(59) $$\int \sqrt{x^2+a^2}\,dx = \frac{x}{2}\sqrt{x^2+a^2} + \frac{a^2}{2}\ln(x+\sqrt{x^2+a^2}) + C$$

(60) $$\int \sqrt{(x^2+a^2)^3}\,dx = \frac{x}{8}(2x^2+5a^2)\sqrt{x^2+a^2} + \frac{3}{8}a^4\ln(x+\sqrt{x^2+a^2}) + C$$

(61) $$\int x\sqrt{x^2+a^2}\,dx = \frac{1}{3}\sqrt{(x^2+a^2)^3} + C$$

(62) $\int x^2\sqrt{x^2+a^2}\,dx = \frac{x}{8}(2x^2+a^2)\sqrt{x^2+a^2} - \frac{a^4}{8}\ln(x+\sqrt{x^2+a^2}\,) + C$

(63) $\int \frac{\sqrt{x^2+a^2}}{x}\,dx = \sqrt{x^2+a^2} + a\ln\frac{\sqrt{x^2+a^2}-a}{|x|} + C$

(64) $\int \frac{\sqrt{x^2+a^2}}{x^2}\,dx = -\frac{\sqrt{x^2+a^2}}{x} + \ln(x+\sqrt{x^2+a^2}\,) + C$

(65) $\int \frac{1}{\sqrt{x^2-a^2}}\,dx = \frac{x}{|x|}\mathrm{arch}\frac{|x|}{a} + C_1 = \ln|x+\sqrt{x^2-a^2}| + C$

(66) $\int \frac{1}{\sqrt{(x^2-a^2)^3}}\,dx = -\frac{x}{a^2\sqrt{x^2-a^2}} + C$

(67) $\int \frac{x}{\sqrt{x^2-a^2}}\,dx = \sqrt{x^2-a^2} + C$

(68) $\int \frac{x}{\sqrt{(x^2-a^2)^3}}dx = -\frac{1}{\sqrt{x^2-a^2}} + C$

(69) $\int \frac{x^2}{\sqrt{x^2-a^2}}\,dx = \frac{x}{2}\sqrt{x^2-a^2} + \frac{a^2}{2}\ln|x+\sqrt{x^2-a^2}| + C$

(70) $\int \frac{x^2}{\sqrt{(x^2-a^2)^3}}dx = -\frac{x}{\sqrt{x^2-a^2}} + \ln|x+\sqrt{x^2-a^2}| + C$

(71) $\int \frac{1}{x\sqrt{x^2-a^2}}dx = \frac{1}{a}\arccos\frac{a}{|x|} + C$

(72) $\int \frac{1}{x^2\sqrt{x^2-a^2}}dx = \frac{\sqrt{x^2-a^2}}{a^2x} + C$

(73) $\int \sqrt{x^2-a^2}\,dx = \frac{x}{2}\sqrt{x^2-a^2} - \frac{a^2}{2}\ln|x+\sqrt{x^2-a^2}| + C$

(74) $\int \sqrt{(x^2-a^2)^3}\,dx = \frac{x}{8}(2x^2-5a^2)\sqrt{x^2-a^2} + \frac{3}{8}a^4\ln|x+\sqrt{x^2-a^2}| + C$

(75) $\int x\sqrt{x^2-a^2}\,dx = \frac{1}{3}\sqrt{(x^2-a^2)^3} + C$

(76) $\int x^2\sqrt{x^2-a^2}\,dx = \frac{x}{8}(2x^2-a^2)\sqrt{x^2-a^2} - \frac{a^4}{8}\ln|x+\sqrt{x^2-a^2}| + C$

(77) $\int \frac{\sqrt{x^2-a^2}}{x}\,dx = \sqrt{x^2-a^2} - a\arccos\frac{a}{|x|} + C$

(78) $\int \frac{\sqrt{x^2-a^2}}{x^2}\,dx = -\frac{\sqrt{x^2-a^2}}{x} + \ln|\,x+\sqrt{x^2-a^2}\,| + C$

(79) $\int \frac{1}{\sqrt{a^2-x^2}}dx = \arcsin\frac{x}{a} + C$

(80) $\int \frac{1}{\sqrt{(a^2-x^2)^3}}dx = \frac{x}{a^2\sqrt{a^2-x^2}} + C$

(81) $\int \frac{x}{\sqrt{a^2-x^2}}dx = -\sqrt{a^2-x^2} + C$

(82) $\int \frac{x}{\sqrt{(a^2-x^2)^3}}dx = \frac{1}{\sqrt{a^2-x^2}} + C$

(83) $\int \frac{x^2}{\sqrt{a^2-x^2}}dx = -\frac{x}{2}\sqrt{a^2-x^2} + \frac{a^2}{2}\arcsin\frac{x}{a} + C$

(84) $\int \frac{x^2}{\sqrt{(a^2-x^2)^3}}dx = \frac{x}{\sqrt{a^2-x^2}} - \arcsin\frac{x}{a} + C$

(85) $\int \frac{1}{x\sqrt{a^2-x^2}}dx = \frac{1}{a}\ln\frac{a-\sqrt{a^2-x^2}}{|x|} + C$

(86) $\int \frac{1}{x^2\sqrt{a^2-x^2}}dx = -\frac{\sqrt{a^2-x^2}}{a^2x} + C$

(87) $\int \sqrt{a^2-x^2}\,dx = \frac{x}{2}\sqrt{a^2-x^2} + \frac{a^2}{2}\arcsin\frac{x}{a} + C$

(88) $\int \sqrt{(a^2-x^2)^3}\,dx = \frac{x}{8}(5a^2-2x^2)\sqrt{a^2-x^2} + \frac{3}{8}a^4\arcsin\frac{x}{a} + C$

(89) $\int x\sqrt{a^2-x^2}\,dx = -\frac{1}{3}\sqrt{(a^2-x^2)^3} + C$

(90) $\int x^2\sqrt{a^2-x^2}\,dx = \frac{x}{8}(2x^2-a^2)\sqrt{a^2-x^2} + \frac{a^4}{8}\arcsin\frac{x}{a} + C$

(91) $\int \frac{\sqrt{a^2-x^2}}{x}dx = \sqrt{a^2-x^2} + a\ln\frac{a-\sqrt{a^2-x^2}}{|x|} + C$

(92) $$\int \frac{\sqrt{a^2 - x^2}}{x^2} dx = -\frac{\sqrt{a^2 - x^2}}{x} - \arcsin\frac{x}{a} + C$$

(93) $$\int \frac{1}{\sqrt{ax^2 + bx + c}} dx = \frac{1}{\sqrt{a}} \ln|2ax + b + 2\sqrt{a}\sqrt{ax^2 + bx + c}| + C$$

(94) $$\int \sqrt{ax^2 + bx + c}\, dx = \frac{2ax + b}{4a}\sqrt{ax^2 + bx + c} + \frac{4ac - b^2}{8\sqrt{a^3}} \ln|2ax + b$$
$$+ 2\sqrt{a}\sqrt{ax^2 + bx + c}| + C$$

(95) $$\int \frac{x}{\sqrt{ax^2 + bx + c}} dx = \frac{1}{a}\sqrt{ax^2 + bx + c} - \frac{b}{2\sqrt{a^3}} \ln$$
$$|2ax + b + 2\sqrt{a}\sqrt{ax^2 + bx + c}| + C$$

(96) $$\int \frac{1}{\sqrt{c + bx - ax^2}} dx = \frac{1}{\sqrt{a}} \arcsin\frac{2ax - b}{\sqrt{b^2 + 4ac}} + C$$

(97) $$\int \sqrt{c + bx - ax^2}\, dx = \frac{2ax - b}{4a}\sqrt{c + bx - ax^2}$$
$$+ \frac{b^2 + 4ac}{8\sqrt{a^3}} \arcsin\frac{2ax - b}{\sqrt{b^2 + 4ac}} + C$$

(98) $$\int \frac{x}{\sqrt{c + bx - ax^2}} dx = -\frac{1}{a}\sqrt{c + bx - ax^2} + \frac{b}{2\sqrt{a^3}} \arcsin\frac{2ax - b}{\sqrt{b^2 + 4ac}} + C$$

(99) $\int \sin x dx = -\cos x + C$

(100) $\int \cos x dx = \sin x + C$

(101) $\int \tan x dx = -\ln|\cos x| + C$

(102) $\int \cot x dx = \ln|\sin x| + C$

(103) $\int \sec x dx = \ln\left|\tan\left(\frac{\pi}{4} + \frac{x}{2}\right)\right| + C = \ln|\sec x + \tan x| + C$

(104) $\int \csc x dx = \ln\left|\tan\frac{x}{2}\right| + C = \ln|\csc x - \cot x| + C$

(105) $\int \sec^2 x dx = \tan x + C$

(106) $\int \csc^2 x dx = -\cot x + C$

(107) $\int \sec x \tan x dx = \sec x + C$

(108) $\int \csc x \cot x dx = -\csc x + C$

$$(109)\ \int \sin^2 x dx = \frac{x}{2} - \frac{1}{4}\sin 2x + C$$

$$(110)\ \int \cos^2 x dx = \frac{x}{2} + \frac{1}{4}\sin 2x + C$$

$$(111)\ \int \sin^n x dx = -\frac{1}{n} \sin^{n-1} x \cos x + \frac{n-1}{n} \int \sin^{n-2} x dx$$

$$(112)\ \int \cos^n x dx = \frac{1}{n} \cos^{n-1} x \sin x + \frac{n-1}{n} \int \cos^{n-2} x dx$$

$$(113)\ \int \frac{1}{\sin^n x} dx = -\frac{1}{n-1} \cdot \frac{\cos x}{\sin^{n-1} x} + \frac{n-2}{n-1} \int \frac{1}{\sin^{n-2} x} dx$$

$$(114)\ \int \frac{1}{\cos^n x} dx = \frac{1}{n-1} \cdot \frac{\sin x}{\cos^{n-1} x} + \frac{n-2}{n-1} \int \frac{1}{\cos^{n-2} x} dx$$

$$(115)\ \int \cos^m x \sin^n x dx = \frac{1}{m+n} \cos^{m-1} x \sin^{n+1} x + \frac{m-1}{m+n} \int \cos^{m-2} x \sin^n x dx$$

$$= -\frac{1}{m+n} \cos^{m+1} x \sin^{n-1} x + \frac{n-1}{m+n} \int \cos^m x \sin^{n-2} x dx$$

$$(116)\ \int \sin ax \cos bx dx = -\frac{1}{2(a+b)} \cos(a+b)x - \frac{1}{2(a-b)} \cos(a-b)x + C$$

$$(117)\ \int \sin ax \sin bx dx = -\frac{1}{2(a+b)} \sin(a+b)x + \frac{1}{2(a-b)} \sin(a-b)x + C$$

$$(118)\ \int \cos ax \cos bx dx = \frac{1}{2(a+b)} \sin(a+b)x + \frac{1}{2(a-b)} \sin(a-b)x + C$$

(119) $\int \frac{1}{a+b\sin x}dx = \frac{2}{\sqrt{a^2-b^2}}\arctan\frac{a\tan\frac{x}{2}+b}{\sqrt{a^2-b^2}} + C \quad (a^2>b^2)$

(120) $\int \frac{1}{a+b\sin x}dx = \frac{1}{\sqrt{b^2-a^2}}\ln\left|\frac{a\tan\frac{x}{2}+b-\sqrt{b^2-a^2}}{a\tan\frac{x}{2}+b+\sqrt{b^2-a^2}}\right| + C \quad (a^2<b^2)$

(121) $\int \frac{1}{a+b\cos x}dx = \frac{2}{a+b}\sqrt{\frac{a+b}{a-b}}\arctan\left(\sqrt{\frac{a-b}{a+b}}\tan\frac{x}{2}\right) + C \quad (a^2>b^2)$

(122) $\int \frac{1}{a+b\cos x}dx = \frac{1}{a+b}\sqrt{\frac{a+b}{b-a}}\ln\left|\frac{\tan\frac{x}{2}+\sqrt{\frac{a+b}{b-a}}}{\tan\frac{x}{2}-\sqrt{\frac{a+b}{b-a}}}\right| + C \quad (a^2<b^2)$

(123) $\int \frac{1}{a^2\cos^2 x+b^2\sin^2 x}dx = \frac{1}{ab}\arctan\left(\frac{b}{a}\tan x\right) + C$

(124) $\int \frac{1}{a^2\cos^2 x-b^2\sin^2 x}dx = \frac{1}{2ab}\ln\left|\frac{b\tan x+a}{b\tan x-a}\right| + C$

(125) $\int x\sin ax\,dx = \frac{1}{a^2}\sin ax - \frac{1}{a}x\cos ax + C$

(126) $\int x^2\sin ax\,dx = -\frac{1}{a}x^2\cos ax + \frac{2}{a^2}x\sin ax + \frac{2}{a^3}\cos ax + C$

(127) $\int x\cos ax\,dx = \frac{1}{a^2}\cos ax + \frac{1}{a}x\sin ax + C$

(128) $\int x^2\cos ax\,dx = \frac{1}{a}x^2\sin ax + \frac{2}{a^2}x\cos ax - \frac{2}{a^3}\sin ax + C$

제 6 부 반삼각함수 적분표 ($a>0$)

(129) $\int \arcsin\frac{x}{a}dx = x\arcsin\frac{x}{a} + \sqrt{a^2 - x^2} + C$

(130) $\int x\arcsin\frac{x}{a}dx = \left(\frac{x^2}{2} - \frac{a^2}{4}\right)\arcsin\frac{x}{a} + \frac{x}{4}\sqrt{a^2 - x^2} + C$

(131) $\int x^2\arcsin\frac{x}{a}dx = \frac{x^3}{3}\arcsin\frac{x}{a} + \frac{1}{9}(x^2 + 2a^2)\sqrt{a^2 - x^2} + C$

(132) $\int \arccos\frac{x}{a}dx = x\arccos\frac{x}{a} - \sqrt{a^2 - x^2} + C$

(133) $\int x\arccos\frac{x}{a}dx = \left(\frac{x^2}{2} - \frac{a^2}{4}\right)\arccos\frac{x}{a} - \frac{x}{4}\sqrt{a^2 - x^2} + C$

(134) $\int x^2\arccos\frac{x}{a}dx = \frac{x^3}{3}\arccos\frac{x}{a} - \frac{1}{9}(x^2 + 2a^2)\sqrt{a^2 - x^2} + C$

(135) $\int \arctan\frac{x}{a}dx = x\arctan\frac{x}{a} - \frac{a}{2}\ln(a^2 + x^2) + C$

(136) $\int x\arctan\frac{x}{a}dx = \frac{1}{2}(a^2 + x^2)\arctan\frac{x}{a} - \frac{a}{2}x + C$

(137) $\int x^2\arctan\frac{x}{a}dx = \frac{x^3}{3}\arctan\frac{x}{a} - \frac{a}{6}x^2 + \frac{a^3}{6}\ln(a^2 + x^2) + C$

(138) $\int a^x dx = \frac{1}{\ln a}a^x + C$

(139) $\int e^{ax} dx = \frac{1}{a}e^{ax} + C$

(140) $\int xe^{ax} dx = \frac{1}{a^2}(ax - 1)e^{ax} + C$

(141) $\int x^n e^{ax} dx = \frac{1}{a}x^n e^{ax} - \frac{n}{a}\int x^{n-1} e^{ax} dx$

(142) $\int xa^x dx = \frac{x}{\ln a}a^x - \frac{1}{(\ln a)^2}a^x + C$

(143) $\int x^n a^x dx = \frac{1}{\ln a}x^n a^x - \frac{n}{\ln a}\int x^{n-1} a^x dx$

(144) $\int e^{ax}\sin bx dx = \frac{1}{a^2 + b^2}e^{ax}(a\sin bx - b\cos bx) + C$

(145) $\int e^{ax}\cos bx dx = \frac{1}{a^2 + b^2}e^{ax}(b\sin bx + a\cos bx) + C$

(146) $\int e^{ax}\sin^n bx dx = \frac{1}{a^2 + b^2 n^2}e^{ax}\sin^{n-1} bx(a\sin bx - nb\cos bx) +$

$$\frac{n(n-1)b^2}{a^2 + b^2 n^2}\int e^{ax}\sin^{n-2} bx dx$$

(147) $\int e^{ax}\cos^n bx dx = \frac{1}{a^2 + b^2n^2}e^{ax}\cos^{n-1}bx(a\cos bx + nb\sin bx) +$

$$\frac{n(n-1)b^2}{a^2 + b^2n^2}\int e^{ax}\cos^{n-2}bx dx$$

제 8 부 대수함수 적분표

(148) $\int \ln x dx = x\ln x - x + C$

(149) $\int \frac{1}{x\ln x}dx = \ln|\ln x| + C$

(150) $\int x^n \ln x dx = \frac{1}{n+1}x^{n+1}\left(\ln x - \frac{1}{n+1}\right) + C$

(151) $\int (\ln x)^n dx = x(\ln x)^n - n\int (\ln x)^{n-1}dx$

(152) $\int x^m(\ln x)^n dx = \frac{1}{m+1}x^{m+1}(\ln x)^n - \frac{n}{m+1}\int x^m(\ln x)^{n-1}dx$

제 9 부 쌍곡함수 적분표

(153) $\int \sinh x dx = \cosh x + C$

(154) $\int \cosh x dx = \sinh x + C$

(155) $\int \tanh x dx = \ln\cosh x + C$

(156) $\int \sinh^2 x dx = -\frac{x}{2} + \frac{1}{4}\sinh 2x + C$

(157) $\int \cosh^2 x dx = \frac{x}{2} + \frac{1}{4}\sinh 2x + C$

제 10 부 부정적분 일반 공식

(158) $\int [f(x) \pm g(x)]dx = \int f(x)dx \pm \int g(x)dx$

(159) $\int cf(x)dx = c\int f(x)dx \quad (c \neq 0)$

(160) $\int f(x)G(x)dx = F(x)G(x) - \int F(x)g(x)dx$

(161) $x = g(y), \quad y = g^{-1}(x), \quad \int f(x)dx = \int f[g(y)]g'(y)dy$

제 11 부

역함수의 적분

$x = f^{-1}(y)$로 $y = f(x)$의 역함수를 표시한다.

(162) $\int f^{-1}(y)dy = yf^{-1}(y) - \int f(x)dx$

(163) $\int f^{-1}(y)g(y)dy = f^{-1}(y)G(y) - \int G[f(x)]dx$

(164) $\int H[f^{-1}(y)]g(y)dy = H[f^{-1}(y)]G(y) - \int h(x)G[f(x)]dx$

(165) $\int F_1[y, f^{-1}(y)]dy = F[y, f^{-1}(y)] - \int F_2[f(x), x]dx$

$$F_1(x_1, x_2) = \frac{\partial}{\partial x_1}F(x_1, x_2),\quad F_2(x_1, x_2) = \frac{\partial}{\partial x_2}F(x_1, x_2)$$

부록 4

• 다변수함수의 미적분 •

I장에서 다변수함수에 대해 이야기하면서 함수에는 도함수, 미분, 적분, 테일러 전개 등의 개념이 있다고 소개하였다. 실제로 다변수함수에도 이러한 개념들이 모두 적용될 수 있다. 다만 다변수함수의 변수는 한 개 이상(두 개 혹은 그 이상)이므로 일반 함수보다 훨씬 더 복잡하다. 여기에서는 다변수함수의 미적분에 관해 간단히 소개하도록 하겠다. 만약 다변수함수의 미적분을 더욱 자세히 이해하고 싶다면 통지대학교 출판사의 〈고등수학(高等數學)(하권)〉을 참고하기 바란다.

다변수함수란 이변수함수 이상의 모든 함수를 일컫는다. 이변수함수의 경우 정의역은 일반적으로 평면에 있거나 하나 혹은 하나 이상의 곡선으로 둘러싸인 평면 구역에 있다. 이 구역을 둘러싼 곡선을 구역의 가장자리라 부르고 가장자리 곡선을 포함한 모든 구역을 닫힌 구간 혹은 열린 구간이라 부른다. 일변수함수와 마찬가지로 다변수함수에도 정의역, 치역, 독립변수, 종속변수 등의 개념과 성질이 존재한다.

앞에서 일변수함수를 배울 때 도함수의 개념을 소개하였다. 여기에서는 이변수함수 $f(x, y)$를 예로 들어 편도함수(다변수함수의 도함수)에 대해 알아보겠다. 만약 독립변수 x만 변화하고 y는 변하지 않는다고 가정하면 이러한 함수를 일변수함수라 가정하고 도함수를 구할 수 있다.

일변수함수 $y = f(x)$의 도함수는 $\frac{dy}{dx}$이고 이변수함수 $z = f(x, y)$의 x의 편도함수는 $\frac{\partial z}{\partial x}$이고, $z = f(x, y)$의 y의 편도함수는 $\frac{\partial z}{\partial y}$이다. 일변수함수 $y = f(x)$의 2계 도함수는 $\frac{\partial^2 z}{\partial x^2}$이고 이변수함수의 2계 도함수는 다음과 같다.

$$\frac{\partial^2 z}{\partial x^2},\quad \frac{\partial^2 z}{\partial x \partial y},\quad \frac{\partial^2 z}{\partial y \partial x},\quad \frac{\partial^2 z}{\partial y^2}$$

Ⅳ장에서는 일변수함수의 테일러 전개에 대해 소개하였다. 테일러 전개는 함수의 어떤 지점의 정보를 통해 근접한 주변의 값을 묘사하는 것이다. 만약 함수가 충분히 평평하고 함수의 어떤 지점의 각 단계의 도함수 값을 알고 있다면 테일러 전개는 이러한 도함수 값을 계수로 다항식을 만들어 이 지점 영역의 값을 계산할 수 있다. 그 밖에도 테일러 전개로 다항식과 실제 함수 사이의 편차를 알 수 있다. 다변수함수에도 테일러 전개의 개념이 존재한다. 다변수함수는 여러 개의 변수가 있는 다항식으로 다변수함수와 근접하게 표시해야 한다. 여기에서는 다변수함수의 테일러 전개에 대해서는 자세히 설명하지는 않겠다.

다변수함수의 미적분에 대해 더 알아보고 싶다면 〈다변수함수〉, 〈고등수학 하권〉 등의 책을 참고하기 바란다. 〈다변수함수〉는 미국의 작가 플레밍이 저술한 다변수함수에 관한 권위 있는 참고서이므로 더 자세히 공부하고 싶은 독자가 있다면 추천한다.

• 심화 문제 답변 예시 •

아래에 실린 답변은 어디까지나 예시이므로 다른 해법이 존재할 수도 있다. 또한, 수치에 따라 답이 변하는 문제들에 대해서는 예시를 생략하였다.

❖ III장 심화 문제 풀이

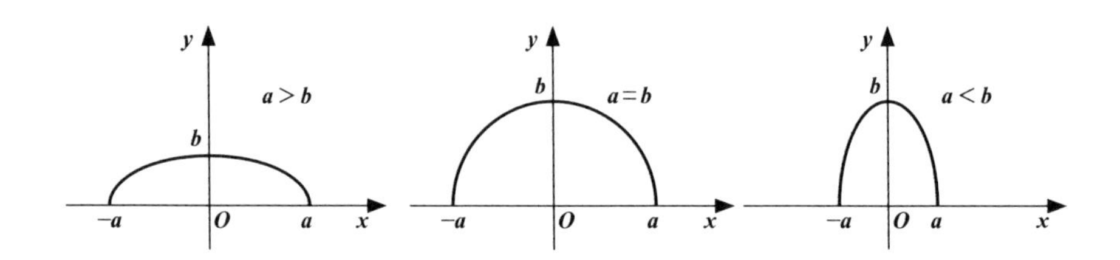

a, b의 부호와 관계없이 a, b의 대소에 따라 주어진 함수는 타원 또는 원의 일부가 되므로 $a>0$, $b>0$이라고 가정하자. 그러면 주어진 함수는

$$y = \frac{b}{a}\sqrt{a^2 - x^2}(-a \le x \le a,\ 0 \le y \le b)$$

이 된다. 이 함수 위의 한 점에서 접선을 그을 때 접선과 좌표축이 둘러싼 도

형이 삼각형이 되기 위해서는 점 M이 x축, y축 위의 점만 아니면 된다. 이때 M의 좌표는 $\left(x, \frac{b}{a}\quad a^2 - x^2\right)$, $(-a < x < 0,\ 0 < x < a)$이다.

문제에서 M이 존재하지 않는다는 의미를 접선을 그었을 때 삼각형을 이루지 않는다는 것으로 해석한다면 좌표축에서의 접선은 두 좌표축과의 교점이 동시에 생기지 않으므로 삼각형을 만들지 못한다. 즉 $(-a, 0)$, $(0, a)$에서 그은 접선은 y축과 평행하고 $(0, b)$에서 그은 접선은 x축에 평행하므로 삼각형을 이루지 못한다.

❖ IV장 심화 문제 풀이

책에서는 테일러 공식이라고 했는데 정확하게는 테일러 급수 전개로 표현해야 한다. 테일러 급수 전개는 함수 $f(x)$가 $x = a$에서 무한히 미분 가능하면 $f(x)$를 다음과 같이 표현할 수 있다는 것이다.

$$f(x) = f(a) + \frac{f'(a)}{1!}(x - a) + \frac{f''(a)}{2!}(x - a)^2 + \frac{f^{(3)}(a)}{3!}(x - a)^3 + \cdots$$

그리고 특히 $a = 0$인 경우 우리는 맥크로린(Maclaurin) 급수라고 한다.

$$e^x = 1 + x + \frac{1}{2!}x^2 + \frac{1}{3!}x^3 + \cdots + \frac{1}{n!}x^n \cdots$$

$$\sin x = x - \frac{1}{3!}x^3 + \frac{1}{5!}x^5 - \frac{1}{7!}x^7 + \frac{1}{9!}x^9 - \cdots$$

이 밖에도 $x = a$에서 무한히 미분 가능한 함수면 모두 테일러 급수 전개를 이용하여 나타낼 수 있다.

참고로 $\cos x = 1 - \frac{1}{2!}x^2 + \frac{1}{4!}x^4 - \frac{1}{6!}x^6 + \frac{1}{8!}x^8 - \cdots$

❖ V장 심화 문제 풀이 1

앞의 내용과 마찬가지로

$$\frac{f(a)+f(b)-2f(c)}{b-c} = f'[c+k(b-c)] - f'[c-k_1(b-c)] \ (0 < k_1 < 1,\ 0 < k_2 < 1)$$

가 성립하고 오른쪽의 식에 대해 다시 라그랑주의 평균값 정리를 이용하면

$$\frac{f[c+k_2(b-c)] - f'[c-k_1(b-c)]}{(b-c)(k_2+k_1)} = f''(x_0)$$

$$(\text{단, } c - k_1(b-c) < x_0 < c + k_2(b-c))$$

에서 $f[c+k_2(b-c)] - f'[c-k_1(b-c)] = f''(x_0)(b-c)(k_2+k_1)$

이 성립하고 $k_1 + k_2 > 0$이고 $b - c > 0$이다. 따라서 $f''(x_0) < 0$이면

$$f[c+k_2(b-c)] - f'[c-k_1(b-c)] < 0$$

임을 의미하고 이는

$$\frac{f(a)+f(b)-2f(c)}{b-c} = f'[c+k(b-c)] - f'[c-k_1(b-c)] < 0$$

이므로 $f(a)+f(b)-2f(c) < 0$이다. 따라서 $\frac{f(a)+f(b)}{2} = f(c)$이다.

이때 $\frac{f(a)+f(b)}{2}$는 선분 AB의 중점의 y좌표이고 $f(c)$는 점 C의 y좌표이므로 $f''(x_0) < 0$이면 x_0에서 볼록함을 알 수 있다.

❖ V장 심화 문제 풀이 2

2^N개

❖ VI장 심화 문제 풀이

열일곱 개의 아치의 폭을 모두 더한 길이를 a, 강물의 깊이를 h, 강물의 유속을 v km/h, 아치교 밑에서도 유속이 일정하다는 가정을 하면 하루 동안 아치교 밑을 지나는 강물의 양은 $24 \times v \times a \times h = 24vah$

* II, VII, VIII, IX, X장의 심화 문제 풀이는 생략했습니다.

정동은 감수

전남대 사범대학 수학교육과를 졸업하고 순천대 교육대학원에서 석사 학위를 받았다. 학생들에게 수학의 아름다움을 전하고자 전남 중등수학교육연구회에서 활동하고 있으며, 1994년부터 현재까지 자율형 사립고등학교인 광양제철고(포스코 교육재단)에서 학생들을 가르치고 있다.

수학책을 탈출한 미적분

1판 5쇄 발행 2023년 11월 10일

글쓴이 | 류치
옮긴이 | 이지수
감 수 | 정동은
펴낸이 | 이경민
펴낸곳 | (주)동아엠앤비
출판등록 | 2014년 3월 28일(제25100-2014-000025호)
주소 | (03737) 서울특별시 마포구 월드컵북로22길 21, 2층
홈페이지 | www.dongamnb.com
전화 | (편집) 02-392-6903 (마케팅) 02-392-6900
팩스 | 02-392-6902
SNS |
전자우편 | damnb0401@naver.com

ISBN 979-11-6363-217-7 (03410)

※ 책 가격은 뒤표지에 있습니다.
※ 잘못된 책은 구입한 곳에서 바꿔 드립니다.